U0183749

物理实验的智慧光芒

巩晓阳　著

电子工业出版社

Publishing House of Electronics Industry

北京 · BEIJING

内 容 简 介

本书以物理实验为主题，阐述人们心目中美丽的十大物理实验、改变历史的伟大物理实验、思想实验和物理学上的"四大神兽"等，以崭新的脉络和思路、高度凝练的方法，勾勒出物理实验对物理学发展、人类科技进步和人类文明进程的影响，展示在伟大的物理学成就中熠熠生辉的物理实验的智慧光芒。

本书以阐述物理学中重要知识点的概念为主线，结合物理学中的思想、前沿成果、物理学家的优异品质等进行介绍，旨在提高学习者的科学素养和创新能力。本书力求行文深入浅出，普及科学知识，提高读者科学审美。

本书可为物理学教学提供课程思政素材，供大学教师和学生阅读，也可供有一定物理基础的中学生和对科学知识感兴趣的读者阅读。

图书在版编目（CIP）数据

物理实验的智慧光芒 / 巩晓阳著. —北京：电子工业出版社，2023.11

ISBN 978-7-121-46886-5

Ⅰ. ①物… Ⅱ. ①巩… Ⅲ. ①物理学－实验－高等学校－教材 Ⅳ. ①O4-33

中国国家版本馆 CIP 数据核字（2023）第 238311 号

责任编辑：戴晨辰 文字编辑：郭 枫

印　　刷：北京天宇星印刷厂
装　　订：北京天宇星印刷厂
出版发行：电子工业出版社
　　　　　北京市海淀区万寿路 173 信箱　邮编：100036
开　　本：720×1 000　1/16　印张：10.75　字数：206.4 千字
版　　次：2023 年 11 月第 1 版
印　　次：2023 年 11 月第 1 次印刷
定　　价：59.00 元

凡所购买电子工业出版社图书有缺损问题，请向购买书店调换。若书店售缺，请与本社发行部联系，联系及邮购电话：（010）88254888，88258888。

质量投诉请发邮件至 zlts@phei.com.cn，盗版侵权举报请发邮件至 dbqq@phei.com.cn。

本书咨询联系方式：dcc@phei.com.cn。

前言

　　科学的物理实验是理论诞生时的萌芽，也是检验理论正确性的手段。在此过程中，实验物理学家头脑中的智慧光芒如一颗颗明珠，它们或是灵机的一动，或是长久的酝酿，或是无数次失败的总结，也或是苦苦思索的结果。但是它们获得的结论是熠熠生辉的，足以照亮我们的生活和未来，指引我们探索和发展的方向。

　　作者从事大学物理基础教学长达 30 余年，对教学内容的改革和教学方法的创新有很深的感悟，并带领"大学物理教学团队"获批首批河南省高等学校课程思政教学团队项目。从物理教学的角度，课程思政就是在传授物理学知识和培养学生独立思索、独立动手能力的同时，对学生进行价值引领和品格塑造，培养学生实事求是的科学精神，将学生的学习和国家重大技术需求相结合，弘扬中华民族的文化自信。基于此理念，本书以物理实验为主体，以美丽的十大物理实验、改变历史的伟大物理实验、思想实验和物理学上的"四大神兽"为主线，串起了那一颗颗璀璨的明珠，阐述了物理实验在物理学发展过程中无可替代的重要作用，起到加强科学精神、科学思维、科学方法、科学伦理与学术道德培养的作用。

　　本书展示了实验物理学家所具有的敏锐观察力和坚忍的毅力、直面困难推陈出新的勇气、对科学孜孜不倦追求的精神、对实验事实的探索和求实的态度等，这些优异的科学品格，是学生和科技工作者应该学习的。本书也展示了物理实验对现代科技的影响、对宇宙探索的引领等，这是未来科技进步的源泉和人类发展的方向。本书还巧妙地利用古诗词展现出物理现象与规律的意境，既体现内容的优美，又弘扬中华民族的文化自信。

　　无论是物理学的理论还是实验，都旨在发现和揭示物质世界最根本的内在规律，内在规律的发现是为了提升科技水平、造福人类，人类的文明就是在发现和提升中进步的。如果读者在阅读本书的过程中，能启迪思想、启发思维、提升科学素养、修炼科学品格，那是本书作者最大的愿望。

本书出版得到电子工业出版社和河南科技大学的大力支持，本书获得首批河南省高等学校课程思政教学团队项目和河南省高等学校教学名师项目的资助，同事王翚、吕世杰、琚伟伟、李同伟为本书视频资源的录制提供支持，在此深表感谢。

由于作者水平有限，书中难免有不妥之处，欢迎读者批评指正。

巩晓阳

于河南科技大学

当伽利略从著名的比萨斜塔上同时扔下一轻一重两个物体时，得到的不仅是两物体同时落地的结果，更是向世人展示了尊重科学、不畏权威的可贵精神；当牛顿把三棱镜放在阳光下时，收获的不仅是五颜六色的美丽光影，更是揭示大自然奥秘的兴奋与喜悦；当卢瑟福说："这是我一生中碰到的最不可思议的事情。就好像你用一颗 15 英寸大炮去轰击一张纸而你竟被反弹回的炮弹击中一样。"时，人类对物质的微观结构有了清晰的认识。

宋代著名文学家苏轼（号东坡居士，世称苏东坡）在他的《石钟山记》中用这样一句话"事不目见耳闻，而臆断其有无，可乎？"来说明客观观测的结果对人的意识的深刻影响，物理学的理论大部分是建立在严格的实验基础上的，任何理论都需要实验的检验才能被人们接受。

物理实验真实、形象，科学的物理实验是物理学发展的基础，又是检验物理学理论的手段，特别是现代物理学的发展，更与实验有着密切的联系。随着现代实验技术的发展，科学家们不断揭示和发现各种新的物理现象，日益加深人们对客观世界规律的正确认识，从而推动物理学向前发展。

物理学理论的研究人员就不需要做物理实验吗？不是的，真正的研究人员都善于实验，除了动手，还有动脑。爱因斯坦通过不断地进行假设，不断地进行推断，推进光速不变原理、等效原理等一个个思想实验，于是狭义相对论、广义相对论一个接一个地形成、完善、问世。思想实验，是理论物理学家擎起的火种，点燃了理论的光芒，照亮了我们的世界。美籍华裔物理学家丁肇中说过：实验物理与理论物理密切相关，搞实验没有理论不行，但只停留于理论而不去实验，科学是不会前进的。

在物理实验的海洋中，出没着一群"神兽"，也许是可爱的小动物，也许是幻想中的小精灵，它们的出现给物理学界带来了困惑，也为物理学家的研究指明了道路。理越辩越明，这些"神兽"也是物理学思想实验的精华产物。

第一章
Chapter 1 / 美丽的十大物理实验

扫一扫

观看本章视频

谈到美，人们首先联想到自然美和艺术美。当你面对大好河山、奇光异彩，当你面对凡·高、毕加索的名画，当你面对古今著名的建筑，当你倾听优美的歌曲、欣赏优美的舞蹈时，都不免感叹"好美呀"。然而科学美却是多数人不易感受到的，因为科学美与艺术美是两种不同形式的美，艺术美是事物外在形式所呈现的美，科学美是事物内在结构所具有的和谐、秩序的美，科学美比较抽象，需要深入体会，经过大脑整理、加工形成美的意识或美的观点，这是一种高层次的审美。爱因斯坦认为，科学家和艺术家都是以"最适当的方式来画出一幅简化的和易于领悟的世界图像"。虽然科学家和艺术家的创作手段和方式不同，但他们都是在纷乱中找出秩序，从现象中揭示本质，都是为了认识世界和改造世界，以及勾勒出反映自然界和谐与秩序的宏伟蓝图。因此，科学美更深入，更与众不同，正如我国南宋著名诗人杨万里在《晓出净慈寺送林子方》中的诗句：

毕竟西湖六月中，

风光不与四时同。

接天莲叶无穷碧，

映日荷花别样红。

罗伯特·克瑞丝是美国纽约大学石溪分校哲学系的教员、布鲁克海文国家实验室的历史学家，他和另一位学者在全美物理学家中做了一次调查，要求他们提名有史以来最美丽的十大物理实验，将结果刊登在 2002 年 9 月的《物理学世界》杂志上。

令人惊奇的是绝大多数实验由科学家独立完成，最多有一两个助手。所有的实验都是在实验桌上进行的，没有用到什么大型计算工具（如计算机），最多不过是用到了直尺或计算器。这些实验都是用最简单的仪器设备，发现了最根本、最单纯、最重要的科学概念。大美至简，美到极致是简约。历数各种美不胜收的事物，莫不如此。越是完美的实验，使用的设备和方法可能越简单，使用简洁的特征"抓"住物理学家眼中"最美丽的"科学之魂，就像一座座历史丰碑，把人们长久的困惑和含糊顷刻间一扫而空，使人们对自然界的认识更加清晰。

从美丽的十大物理实验评选本身，我们能够清楚地看出 2000 多年来科学家们重大发现的轨迹。排名如下：

（1）托马斯·杨的双缝演示应用于电子干涉实验（1960 年）；

（2）伽利略的自由落体实验（16 世纪末）；

（3）密立根的油滴实验（1907—1913 年）；

（4）牛顿的棱镜分解太阳光（1666 年）；

（5）托马斯·杨的光干涉实验（1800 年）；

（6）卡文迪什的扭秤实验（1798 年）；

（7）埃拉托色尼测量地球圆周长（公元前 3 世纪）；

（8）伽利略的加速度实验（16 世纪末）；

（9）卢瑟福发现核子实验（1911 年）；

（10）傅科钟摆实验（1851 年）。

下面，我们就遵从历史的轨道，沿着人们认知世界的物理实验的旅程，发现物理实验之美！

第一节　埃拉托色尼测量地球圆周长

埃拉托色尼（Eratosthenes，约公元前 275 年—公元前 194 年，如图 1-1 所示）是古代仅次于亚里士多德的百科全书式学者。只是因为他的著作几乎全部失传，人们才对他不太了解。

埃拉托色尼生于希腊在非洲北部的殖民地昔勒尼（今利比亚）。他在昔勒尼和雅典接受了良好的教育，成为一位博学的哲学家、诗人、天文学家和地理学家。他的兴趣是多方面的，但成就主要表现在地理学和天文学方面。埃拉托色尼著有《地球大小的修正》和《地理学概论》，绘制过世界上第一张（当时他所了解的）世界地图，测量过地球的周长。

图 1-1　埃拉托色尼

中国古人认为天是圆的，大地是方的，而且有尽头；古埃及人认为地球像是一个漂浮在海洋上的盘子；想象力丰富的古印度人甚至认为地球是驮在大象背上的。

直到公元前 6 世纪，古希腊数学家、哲学家毕达哥拉斯在人类历史上第一次提出了"地球是球体"这一观点，并且给出了相应的猜想与假设。这一假设直到 15 世纪初麦哲伦通过完成两个不同方向的环球航行才得以证实。

公元前 240 年前后，埃拉托色尼注意到在夏至的中午，阳光可以直射到位于亚历山大城附近的小镇锡恩的一口枯井的井底，直立的物体没有影子，也就是说太阳正好悬挂在锡恩的正上方。

他发现在同一天、同一时间，在亚历山大城地面上的物体有一段很短的影子，阳光是斜射进亚历山大城的，如图 1-2 所示。为什么会出现这种现象？

在以后几年里的同一天、同一时间，他在亚历山大城的同一地点测量了物体的影子。发现太阳光线有轻微的倾斜，与垂直方向偏离大约 7.2°，如图 1-2（b）所示。

假设地球是球状的，那么它的圆周应跨 360°。如果两座城市呈 7.2°角，即约相当于圆周角 360°的 1/50。由此表明，这一角度对应的弧长，即从锡恩到亚历山大城的距离，应相当于地球周长的 1/50。

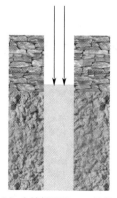
(a) 小镇锡恩的一口枯井

(b) 亚历山大城地面上的物体

图 1-2　同一天、同一时间太阳光线和影子

下一步，埃拉托色尼借助于皇家测量员的测地资料，测量得到这两个城市的距离是 S_1=5000 希腊里（1 希腊里相当于一个希腊运动场的长度，约 150 米）。如图 1-3 所示，可以计算出地球的周长

$$S = \frac{360 \times S_1}{7.2}$$ （1-1）

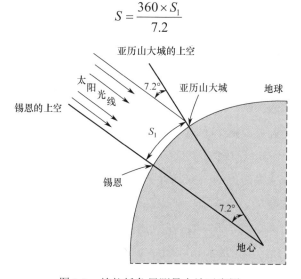

图 1-3　埃拉托色尼测量大地示意图

埃拉托色尼测量的地球周长结果约为 39375 千米，后又修订为 39690 千米，现在精确测量的地球周长为 40076 千米，半径 6378 千米，也说明 2000 多年前的测量误差并不大，是一个了不起的成就。现在看来，其误差的原因来自对地球真实形状的错误认识，受条件所限，当时的埃拉托色尼只能认为地球是均匀的球体，其实际上测量的是地球的经线长度（当然当时认为和纬线长度相等），现

在我们知道，地球是一个两极略扁的椭球体，现在测量的是地球最大的纬线——赤道的长度，这两者之间肯定是有差别的。无论如何，埃拉托色尼创立了精确测算地球圆周的科学方法。伟大领袖毛泽东主席的诗句"坐地日行八万里，巡天遥看一千河"，八万里（40000 千米）的距离，原来里面还有这样美妙的科学故事。

埃拉托色尼代表性的著作有两个：《地理学概论》和《地球大小的修正》。在《地理学概论》里，他运用几何学的方法，依据精确的天文学和测地学新数据，绘制出合理的世界图像。英国学者 Bunbury E. H.（1811—1895 年）根据埃拉托色尼的描述复原了埃拉托色尼画的世界地图，这幅地图上画出了亚洲、印度、伊朗高原、波斯湾、阿拉伯、非洲、地中海、西班牙半岛、意大利半岛、巴尔干半岛，还有不列颠等多个地区。

埃拉托色尼的测量和计算证明了大地（地球）的形状是一个球形，并第一次测量了其大小，使人们对我们生活的家园有了清晰的认识，从深远意义上讲，也为环球旅行、地理大发现以及天文学的发展等奠定了坚实的实验基础。

埃拉托色尼巧妙地将天文学和测地学结合起来，其创新思维是科学研究的关键。埃拉托色尼还是最早把物理学原理与数学方法相结合的物理学家，这个精妙的思想是科学美和数学美的典范。

第二节　伽利略自由落体实验和加速度实验

伽利略（Galileo，1564—1642 年，如图 1-4 所示），意大利物理学家、天文学家、哲学家，近代实验科学的先驱者。伽利略的两个实验上榜，分别排名第二位和第八位，奠定了伽利略"实验物理之父"的名誉。

伽利略一生为物理学做出了卓越的贡献，被称为"观测天文学之父""经典物理学的奠基人""现代物理学之父""科学方法之父""现代科学之父"。

图 1-4　伽利略

伽利略是经典力学的鼻祖，他第一次提出了惯性和加速度这两个全新的概念，为牛顿力学理论体系的建立奠定了基础。伽利略还是实验物理的鼻祖，最早提倡将数学和实验方法相结合，他希望将数学的论证与实验方案结合起来，从而验证正确的结论。伽利略也是位思想实验的大师，擅长提出假设，辩证思考，探明究理。

一、伽利略自由落体实验

介绍伽利略的实验，要先从亚里士多德说起。亚里士多德是知名的古代先哲，他是古希腊人，是世界古代史上伟大的哲学家、科学家和教育家，堪称希腊哲学的集大成者。他是柏拉图的学生，亚历山大大帝（古代马其顿国王）的老师。亚里士多德是一位百科全书式的科学家，他几乎对每个学科都做出了贡献。他的著作涉及伦理学、形而上学、心理学、经济学、神学、政治学、修辞学、自然科学、教育学、诗歌、风俗，以及雅典法律。他的名句"吾爱吾师，吾更爱真理"更是历史长河中的经典。

在物理学中的力学上，亚里士多德的成就也不少。亚里士多德是第一个研究物理现象的巨人，著有《物理学》一书，该书是世界上最早的物理学专著。但是，亚里士多德是位哲学家，他的理论并不依靠实验（也许是受时代所限），而是从原始的直接经验出发，用哲学思想代替科学实验。以至于后来最常被人们提到的，却是他所犯的错误——"物体下落的速度和重量成正比"，即重的物体下落快，这是亚里士多德提出的一个结论。亚里士多德的说法统治人们思想长达 2000 多年，直到 16 世纪末，人人都认为重量大的物体比重量小的物体下落快。而当时在比萨大学数学系任职的伽利略，却大胆地向观点发起挑战。

图 1-5　伽利略在比萨斜塔做自由落体实验示意图

1590 年的一天，在比萨斜塔上，伽利略将一个重 10 磅和一个重 1 磅的铁球同时抛下，如图 1-5 所示，两球几乎同时落地。

在实验之前，伽利略实际上是先做了一个思想实验，记录在他的《关于两门新科学的数学证明的对话》一书中，书中他借萨尔维阿蒂之口，批驳亚里士多德的运动观，还运用了"归谬法"（或称为"落体佯谬"）。

首先假定对方的命题是正确的，即物体下落的速度与其重量成正比。

萨（伽利略的代言人）：如果我们取两个自然速率不同的物体，把两者连在一起，快者将要被慢者拖慢，慢者将要被快者拖快，您同意我的看法吗？

辛（亚里士多德的代言人）：毫无疑问，您是对的。

萨：但是假如这是真的，并且假如大石头以 8 的速率运动，而小石头以 4 的速率运动，两块石头连在一起，系统将以小于 8 的速率运动，但是两块石头拴在一起变得比原先为 8 的速率的石头更大，所以更重的物体反而比更轻的物体运动慢，这个效果与您的设想相反。

在这里，伽利略从亚里士多德的观点出发，利用严格的逻辑推理，最终得出了矛盾的结论，从而有力地驳斥了对方的观点。可是伽利略认为还不够，他需要从实验现象中获得更有力的证据！

伽利略的自由落体实验，开创了科学实验的先河，它的意义在于：给亚里士多德的运动学说以决定性的批判，这在思想上和实验方法上都为近代物理学的创立开辟了道路。

伽利略挑战亚里士多德的代价是他失去了工作，在比萨大学受到了攻击而被迫辞职，但他向人们展示了自然界的本质，而不是人类的权威，科学做出了最后的裁决。

后来有人对伽利略是否是在比萨斜塔上做的此实验提出了质疑，质疑的原因是伽利略并未在自己的著作中明确写出是在比萨斜塔上做的这个实验。

然而伽利略此间正在比萨大学任教，比萨斜塔距离大学很近。比萨斜塔塔高 54.8m，第二层和第六层直径相同，按照统计，塔的年偏斜度为 1mm，计算得到 1590 年时偏斜度是 4.1m，伽利略登上七楼，偏斜的塔身正好有利于他投掷小球并观察。伽利略在《论运动》和《关于两门新科学的数学证明的对话》两本著作中都明确提出他做了塔上的落体实验 30 余次（多次实验，不仅仅是证明重物和轻物下落一样快，还是为了测量下落时间和距离的数学关系），关于实验用的物品、方法和数据都有详细记录，我们有理由相信伽利略的实验地点是在比萨斜塔。其实，这个实验也记录在伽利略的学生维维安尼的两本书《伽利略生平的历史故事》和《伽利略传》中，当维维安尼来到伽利略身边时，伽利略已经双目失明，他通过口述的方式让学生记录，维维安尼也是伽利略最信赖的学生和助手。

二、伽利略加速度实验

伽利略的落体实验还得出了自由落体的运动规律。显然，物体下落的速度可能随时间而增大（实验定律得到之前只是感觉和可能，现在是肯定的，所以高空

图 1-6 伽利略的水钟示意图

抛物，哪怕是小小的轻物，下落到地面都是极其危险的），具体的规律需要通过实验来做精密的测量。为此伽利略先设计了一个计时工具"水钟"，如图 1-6 所示。

为了测量时间，他把一只盛水的大容器置于高处，在容器底部焊上一根口径很细的管子，用小杯子收集每次下降时由细管流出的水，不管是全程还是全程的一部分，都可收集到。然后用极精密的天平称水的重量；这些水重之差和比值就给出时间之差和比值。精确度如此之高，以至于重复许多遍，结果都没有明显的差别。

有了时间测量的工具，要得到一个一个定量的结论，伽利略还迈出了关键性的一步，提出了加速度的概念，这也是他对力学最重要的贡献之一。

伽利略在《关于两门新科学的数学证明的对话》一书中谈到，期望"找到和阐明与自然存在的（加速度）最为一致的定义"。他在仔细观察了一石块在一定高度由静止自由下落的运动，认为（假定）石块连续获得的速度增量是"由最简单、最明显的规则来决定"的，即在相等的时间里速度的增加也相等，运动是具有均匀加速度的运动。

然而，伽利略发现自由落体还是速率太快，时间太短，难以精确测量，所以他又设计了斜面实验来"减弱重力"和"放慢速度"，这就是加速度实验。

伽利略做了一个 6 米多长、3 米多宽的光滑直木板槽。再把这个木板槽倾斜固定，让铜球从木板槽顶端沿斜面滚下，并用水钟测量铜球每次下滑的时间，研究它们之间的关系，如图 1-7 所示。

亚里士多德曾预言滚动球的速度是均匀不变的，铜球滚动两倍的时间就走出两倍的路程。伽利略却证明铜球滚动的路程与时间的平方成比例：两倍的时间里，铜球滚动 4 倍的距离，因为存在恒定的重力加速度。他把实验过程和结果详细记载在《关于两门新科学的数学证明的对话》一书中。伽利略在实验的基础上，经过数学的计算和推理，得出假设，再用实验加以检验，由此得出正确的自由落体运动规律。

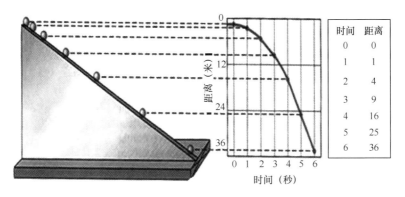

图 1-7　伽利略的斜面加速度实验示意图

$$v = gt \tag{1-2}$$

$$s = \frac{1}{2}gt^2 \tag{1-3}$$

　　伽利略对运动的基本概念，包括重心、速度、加速度等都做了详尽研究并给出了严格的数学表达式。加速度概念的提出，是力学史上的一个里程碑。这种研究方法后来成为近代自然科学研究的基本程序和方法。

　　伽利略的斜面加速度实验还是把真实实验和理想实验相结合的典范。如图 1-8 所示，伽利略在斜面实验中发现，只要把摩擦力减小到可以忽略的程度，小球从一斜面滚下之后，可以滚上另一斜面，而与斜面的倾角无关。也就

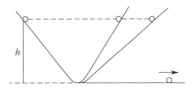

图 1-8　伽利略的惯性运动实验示意图

是说，无论第二个斜面伸展多远，小球总能达到和出发点相同的高度。如果第二斜面水平放置，且无限延长，小球就会一直运动下去。这实际上是我们现在所说的惯性运动。因此，力不再是亚里士多德所说的维持运动的原因，而是改变运动状态（加速或减速）的原因。

三、伽利略实验的伟大意义

　　探索把真实实验和理想实验相结合，把经验和理性（包括数学论证）相结合的实验方法，是伽利略对近代科学的重大贡献。实验不是也不可能是自然现象的完全再现，而是在人类理性指导下对自然现象的一种简化和纯化，因而实验必须有理性的参与和指导。伽利略既重视实验，又重视理性思维，他强调科学是用理性思维把自然过程加以纯化、简化，从而找出其中的数学关系。因此，是伽利略

开创了近代自然科学中将经验和理性相结合的方法。这一结合不仅对物理学，而且对整个近代自然科学都产生了深远的影响。爱因斯坦曾发出感慨："今天我们难以估量，在精确地建立加速度概念的公式并且认识它的物理意义时，该显示出多么大的想象力！"

伽利略对天文学的发展也做出了卓越的贡献。他在前人的基础上制造了天文望远镜（后被称为伽利略望远镜）。利用这个望远镜，伽利略发现所见恒星的数目随着望远镜倍率的增大而增加；银河是由无数单个的恒星组成的；月球表面有崎岖不平的现象（并亲手绘制了第一幅月面图）；金星具有盈亏现象；木星有四个卫星（其实是众多木卫中的最大的四个，现称伽利略卫星，也称木卫一、木卫二、木卫三、木卫四）等。他还发现太阳黑子，并且认为黑子是日面上的现象。由黑子在日面上的自转周期，他得出太阳的自转周期为 28 天（实际上是 27.35 天）。1637 年，伽利略的视力已经很差了，是顽强的毅力支撑他继续观测，他还发现了月亮的周日和周月天平动。这些发现开辟了天文学的新时代。

将实验技术与数学的论证紧密结合在一起，伽利略同样开创了物理学中最重要的科学方法，正如爱因斯坦所说："人的思维创造出一直在改变的宇宙图景，伽利略对科学的贡献就在于毁灭直觉的观点而用新的观点来代替它。这就是伽利略的发现的重要意义。"

第三节 牛顿的棱镜分解太阳光

图 1-9 牛顿

牛顿（Newton，1643—1727 年，如图 1-9 所示），英国物理学家、天文学家和数学家，经典物理学的奠基人。

牛顿在著作《自然哲学的数学原理》中总结了前人和自己关于力学以及微积分学方面的研究成果，其中含有三条牛顿运动定律和万有引力定律，以及质量、动量、力和加速度等概念，为经典力学的大厦构建了坚实的基础。然而在实验方面，牛顿打开人们新认知的是光的色散实验。

在此之前，人们看到彩虹，发现了光有不同颜色，却不能正确地解释它。最早在 13 世纪德国的一位传教士西奥多里克就模仿彩虹做了实验，但是他从亚里士多德的思想出发，认为颜色不是物质的客观属性，而是人们的主观视觉印象。当光进入媒质时，从不同深度折射回来的颜色不同，从表面区域折射回来的是红色或黄色，从深度区域折射回来的是绿色或蓝色。雨后天空中充满了水珠，阳光进入水珠再折射回来，就有了不同的颜色。

笛卡儿是法国的哲学家和数学家，他在 1637 年用三棱镜做了光的折射实验，发现无论光照在棱镜的哪个部位，折射在后屏上的颜色一样，足见彩色并非来自光进入媒质的深浅不同，遗憾的是笛卡儿并没有得出准确的解释，因为他没有看到色散后的整个光谱。

后来有颜色是来自太阳光与物质相互作用结果的看法等，并不能让人们彻底信服，也引起了不休的争论。

1661 年 6 月 3 日，牛顿以公费生（必须打工赚钱）的身份进入剑桥大学最著名的学院——三一学院学习。牛顿阅读和思考各种问题，包括阅读当代哲学家的著作。其中最令牛顿感兴趣的是笛卡儿，他读了笛卡儿的笔记——尤其是关于光学理论的笔记，这也让牛顿对哲学的兴趣很快转向物理学（尽管当时还没有这一学科的定义），牛顿被光和视觉深深地迷住了，他陆续进行了很多实验，全然不顾这些实验可能会使他失去视力（如尽可能长时间地盯着太阳等）。

1665 年，正当牛顿准备留校继续深造时，严重的疫病席卷了整个欧洲，剑桥大学因此停课，牛顿离校返乡。牛顿在家乡住了近两年的时间，这两年里，他思考了大量的问题。这短暂的时光成为牛顿科学生涯中的黄金岁月，他的三大成就：微积分、万有引力、光学分析的思想就是在这时孕育成形的。

牛顿在剑桥大学三一学院读书时，就喜欢巴罗教授的"光学"课程和《光学讲义》，他对光学仪器钻研很深，自制透镜，但在发现用于望远镜和显微镜时，由于放大倍数增大，不可避免会出现像差和色差，因此牛顿决定研究光的颜色。

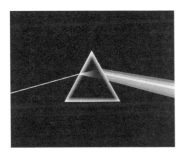

图 1-10　白光经过三棱镜后的色散

1666 年，在家乡的牛顿找来了三棱镜，这为实验提供了工具。他布置了一个黑暗的房间，在窗户上开了一个圆形小孔，让太阳光射入，前进 6.7 米，射向一个三棱镜，随后立刻在对面的墙上看到了像彩虹一样丰富的颜色，如图 1-10 所示，牛顿仔细观察，发现共七种颜色，他还给这七种颜色进行了命名。牛顿指出"光带被染成这样的彩条：紫色、蓝色、青色、绿色、黄色、橙色、红色，还有所有的中间颜色，连续变化，顺序连接。"（这句话源于牛顿 1704 年所著《光学》一书，其中第一节专门描述了关于颜色起源的棱镜分光实验和讨论)。

牛顿并没有在简单得到这个结果后就结束了实验，他开始思考：为什么会出现这七种颜色？是光与物质作用的结果吗？还是光是由这七种颜色组成的，三棱镜把它们分开了呢？如果分开是来自白光与棱镜的相互作用，那么各种颜色的光经过第二块棱镜时必然会再次改变颜色。于是，牛顿又拿出一个三棱镜，放在第一个三棱镜的后面，并且在两块三棱镜之间放了一个带着小孔的屏。如图 1-11 所示，他转动第一块三棱镜，使各种颜色的光每次都单独穿过小孔，结果发现，不仅只有单一颜色的光穿过小孔，而且经过第二块三棱镜后颜色并没有发生变化，由此说明白光是因为和三棱镜有相互作用而发生变色的说法是不对的。

图 1-11　白光经过两次三棱镜，分别被色散和复原的光路图

牛顿继续思考，如果是三棱镜把白光的颜色分开了，那一定还能合成回去。于是，他将被第一块三棱镜分解的七彩光线一起投射到第二块三棱镜，彩色的光又复原成白光。从而证明：白光是复合光，经三棱镜分解后成七彩的光，是因为不同颜色的光在三棱镜中的折射率不同。牛顿进一步测量了它们的折射率，从而以不可争辩的实验事实精确地解释了太阳光的色散现象，也揭示了白光是复合光的本质。

可以想象牛顿在实验成功探明真相时的喜悦，揭露大自然奥秘的兴奋之情也体现在他 1672 年发表的第一篇正式的科学论文《白光的结构》中，他说："颜色不像一般所认为的那样是从自然物体的折射或反射中所导出的光的性能，而是一种原始的、天生的性质""通常的白光确实是每一种不同颜色的光线的混合，光谱的伸长是由于玻璃对这些不同的光线折射本领不同"。

50 年后，他回顾起这段岁月，在解释完自己这段时间的工作后，又补充道："所有这一切都发生在 1665—1667 年的瘟疫期间。那段时间是我创造生涯的鼎盛时期，并且比从那以后的任何时间都更加重视数学和哲学。"

对光学问题的研究是牛顿工作的重要部分之一，了解光的颜色组成后，1668年牛顿自己动手制成了第一架避免色散的反射望远镜，这为后来的大型光学天文望远镜制造奠定了基础。

后人可以不断地重复进行这一实验，并得到与牛顿相同的实验结果。自此以后，七种颜色的理论就被人们普遍接受了。通过这一实验，牛顿为光的色散理论奠定了基础，并使人们对颜色的解释摆脱了主观视觉印象，从而走上了与客观量度相联系的科学轨道。同时，这一实验开创了光谱学研究，不久，光谱分析就成为光学和物质结构研究的主要手段。如今，小到分子、原子，大到星球、宇宙，人类对自然界的认识在很大程度上都依赖于光谱带来的信息，可以说，牛顿的实验开创了现代物理学的重要领域——光谱学的先河。

在实际应用方面，科学家从牛顿实验中得到启发，发现了三原色，这是彩色照片、彩色电视机、发光二极管、液晶等方面重要应用的基础。

牛顿在光学方面的贡献还包括发现了色差及牛顿环，提出了光的微粒说。用简单的实验仪器、简单的实验手段，揭示了深刻的科学道理，在科学史上留下了光辉的一页。

牛顿的成功与他勤奋、刻苦钻研、善于观察、勤于实践、执着追求、勇于创新是分不开的。当疫病来临的时候，困于家乡庄园里的牛顿，以勤勉的工作态度和卓越的工作业绩，为后人树立了榜样。疫病对人类是灾难，但在灾难面前的思考能让人们更好地认识自然，与自然和谐相处。

第四节　卡文迪什扭秤实验

卡文迪什（Cavendish，1731—1810 年，如图 1-12 所示），英国物理学家、化学家，以他和家族的名字命名的卡文迪什实验室是世界著名的实验物理中心和从事大型综合科学研究的世界科研中心之一，对物理学的发展和实验物理的技术改进做出了卓越的贡献。

随着牛顿《自然哲学的数学原理》一书的问世，万有引力定律被人们认识，牛顿解释了行星和卫星的运动，解释了海洋的潮汐来自月球和太阳的引力，证明了彗星的轨道是扁长椭圆或抛物线。然而所谓万有引

图 1-12　卡文迪什

力，是任意两个物体间都存在的，对于普通物体来说，这个力比较小，以至于这本书问世 100 多年都没有被测量和证实过，直到卡文迪什用扭秤精确测量出两个物体之间的引力大小，从而计算出万有引力常数，并且间接求出了地球的质量和密度，才解决了万有引力的实验问题，卡文迪什也成为世界上第一个称量地球的人。

实验的思想和仪器都来自卡文迪什的老师米切尔，遗憾的是米切尔没有来得及做测试就去世了，尽管此时的卡文迪什也已年近古稀，但是他毫不犹豫地继承了老师的遗志，开始了细致而艰苦的测量。实验仪器如图 1-13 所示。

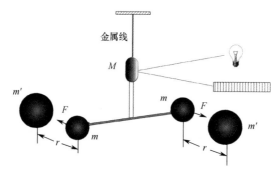

图 1-13　卡文迪什扭秤实验装置图

用一根金属悬线（可以是石英悬丝）悬挂一根轻质的细杆，杆两端载有质量相同，均为 m 的小球，每个小球距金属悬线的距离相等。小球旁边均放有一个质量为 m' 的大球，它与小球的距离也相同，均为 r。它们靠得很近，会因为万有引力作用而继续靠近，细杆要发生偏转，带动金属悬线发生偏转，而金属悬线因偏转产生的扭矩就会阻碍这个偏转，当力矩平衡时，偏转达到了最大值 θ_{max}。金属悬线的扭矩与这个偏转角成正比，比例系数仅与金属悬线的材质有关，则力矩平衡时满足：

$$M_F = M_扭 \propto \theta_{max} \tag{1-4}$$

式中，M_F 是 m 与 m' 之间的引力产生的力矩，与引力成正比；$M_扭$ 是金属悬线的扭矩。可以通过 θ_{max} 测量力 F。改变 r，可以实现多次测量。

由于物体之间的引力极其微小，θ_{max} 也非常小，因此在悬线上装一个小镜子，利用光束一来一回的反射，实现放大，这是简单的光放大原理，可以精确测量 θ_{max}。利用万有引力公式

$$F = G \frac{mm'}{r^2} \tag{1-5}$$

当力 F 被准确测定时，可以求出万有引力常数 G。

卡文迪什采用的是两边系有小金属球的，长 6 英尺（1 英尺＝0.3048 米）的木棒，像哑铃一样，这根木棒再将两个 350 磅重的铅球放在相当近的地方，以产生足够的引力使其转动。卡文迪什是位严谨、一丝不苟的实验物理学家。他知道，上述装置中两个球之间的万有引力大小只有其本身重量的约五千万分之一，因此实验过程中的任何微小的扰动都可能造成实验数据的巨大误差，从而让实验失败。因此，他采取多项措施来改进米切尔的实验装置。将设备完全置于密封的房间里，在室外用望远镜进行远距离的观察和操作，如图 1-14 所示。他还考虑磁性的影响、温度差和弹性形变的影响等，这些能想得到的影响都被卡文迪什一一解决。

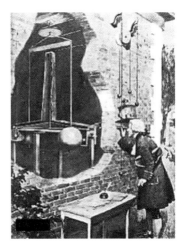

图 1-14　卡文迪什在室外用望远镜观察和操作实验

卡文迪什测定的万有引力常数是 $G = 6.754 \times 10^{-11}\,\mathrm{m}^3/(\mathrm{kg \cdot s}^2)$。这个测量结果极为精确，以至于在此后八九十年没有人超越他的测量精度。200 年来，科学家已经改进和变换测量方法，测量精度有所提高。国际数据委员会（CODATA）在 1986 年推荐的万有引力常数为 $G = 6.67259(85) \times 10^{-11}\,\mathrm{m}^3/(\mathrm{kg \cdot s}^2)$，可见卡文迪什实验设计的精妙和测量的精确。

一旦万有引力常数被测定，由牛顿第二定理可知，在地表附近质量为 m 的物体满足：

$$mg = G\frac{mm_{\mathrm{e}}}{r_{\mathrm{e}}^2} \tag{1-6}$$

式中，m_{e} 是地球的质量，r_{e} 是地球的半径，g 是地表的重力加速度，因此可以得到地球的质量为

$$m_{\mathrm{e}} = \frac{gr_{\mathrm{e}}^2}{G} \tag{1-7}$$

当时地球的半径已知，可以通过上式来求出地球的质量，进而求出地球的密度。卡文迪什的论文中用 17 次测定万有引力常数的平均值，给出地球的密度为 $5.48\ \mathrm{g/cm}^3$。现代数值表明，地球质量为 $m_{\mathrm{e}} = 5.967 \times 10^{24}\,\mathrm{kg}$，地球密度的平均值为 $5.517\mathrm{g/cm}^3$，由此可以看出卡文迪什实验结果的准确性、实验方法思路的精

妙，以及实验技术手段的严谨和精确。

卡文迪什在实验室条件下的测量，不仅再一次验证了牛顿的万有引力定律，还证明了天体和物体都遵循这一定律，使其成为更加完美的理论。同时也准确给出了地球的质量和密度，对天体力学、天文观测学、地球物理学等各方面的进一步发展产生了重要的影响，而且为爱因斯坦创立广义相对论提供了实验前提，成为物理学史上最重要的实验之一。

值得一提的还有卡文迪什留下的手稿和卡文迪什实验室。卡文迪什的父亲也是一位电学方面的科学家，祖上留给卡文迪什一大笔资产，但是他性格沉闷寡言，把家改装成了实验室，他的一生就是在实验室和图书馆中度过的。

1810 年卡文迪什逝世后，他的侄子把卡文迪什遗留下的 20 捆实验笔记完好地放进了书橱里，谁也没有去动它。谁知手稿在书橱里一放就是几十年。一直到 1871 年，卡文迪什的亲属捐款修建卡文迪什实验室，一代电学大师麦克斯韦受命出任第一任实验室主任并负责筹建卡文迪什实验室，这些充满了智慧和心血的笔记得以重见天日。麦克斯韦仔细阅读了约 100 年前的手稿，大惊失色，连声叹服说道："卡文迪什也许是有史以来最伟大的实验物理学家，他几乎预料到电学上的所有伟大事实。这些事实后来通过库仑和法国哲学家的著作闻名于世。"此后麦克斯韦决定搁下自己的一些研究课题，呕心沥血地整理这些手稿，使卡文迪什的光辉思想流传了下来。

卡文迪什通过实验测定了电荷相互作用的定律，比库仑定律早 12 年；研究了电容器的容量，制成了一套已知容量的电容器，以此来测定各种样品的电容；预测并测定了不同物质的电容率，后来法拉第也独立做过此工作；在"电化度"概念下引进电势的概念；证明了静电荷处于导体表面，电力与距离的平方成反比；测量了各种物质的电阻，不系统地研究了欧姆定律。除此之外，卡文迪什在化学、热学理论、计温学、气象学、大地磁学等方面都有研究。

后来实验室扩大为包括整个物理系在内的科研与教育中心，并以整个卡文迪什家族命名。该中心注重独立的、系统的、集团性的开拓性实验和理论探索，其中关键性设备都提倡自制。这个实验室曾经对物理科学的进步做出了巨大的贡献。近百年来卡文迪什实验室培养出的诺贝尔奖获得者达 29 人。麦克斯韦、瑞利、J. J. 汤姆逊、卢瑟福等先后主持过该实验室。他们在卡文迪什实验室的卓越工作，100 多年来深深影响着物理学、化学乃至整个科学史的发展。实验室丰硕的科研成果和辈出的优秀人才，创造了实验物理学史上最灿烂的篇章。

第五节　托马斯·杨的光干涉实验和双缝演示应用于电子干涉实验

托马斯·杨（Thomas Young，1773—1829 年，如图 1-15 所示），英国医生、物理学家，光的波动说的奠基人之一。

以托马斯·杨的名字命名的实验两次上榜，其实托马斯·杨本人只做了光的干涉实验，证明了光的波动性。托马斯·杨的实验以巧妙的设计、简单的仪器，揭示出光的本质，展示了物理学家的智慧和物理学实验的光辉成就。这个设计十分精巧，以至于 100 多年以后，人们仍旧采用此实验的方法和思路，证明了电子可以产生干涉现象，意味着一粒粒的电子也具有波动性，对于微观世界的认知又前进了一大步，从而位列美丽的十大物理实验之首。

图 1-15　托马斯·杨

一、托马斯·杨的光干涉实验

对于光的本性的认知，其究竟是波还是粒子？在牛顿时代这个问题就争论不休，牛顿曾在其《光学》的著作中提出：光是由微粒组成的。牛顿认为宇宙中充满均匀的介质"以太"，光粒子在移动过程中会受到"以太"的引力影响，但由于"以太"均匀分布，光粒子的总体受力平衡，满足自己的第一定律，保持匀速运动。与此相反，以惠更斯为代表的物理学家认为光是一种在"以太"里传播的纵波，并引进了"波前"的概念。然而随着牛顿在物理学领域中地位的提升，以及他在《光学》里对薄膜透光、牛顿环及衍射现象等的粒子性解释，近 100 年的时间里，光的粒子说统治着人们的思想，直到托马斯·杨的出现，以无可辩驳的实验事实再次把光拉回到波动说的阵营里。

托马斯·杨的实验（后称杨氏双缝实验）装置如图 1-16 所示。他先在百叶窗上开了一个小洞，然后用厚纸片盖住，再在纸片上戳一个很小

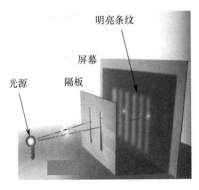

图 1-16　杨氏双缝实验装置图

的洞，让光线透过，让光源近似为点光源。然后再用一个厚约 1/30 英寸的纸片把这束光从中间分成两束，结果看到在两束光与屏幕相交的区域中，出现了明亮条纹和阴影，即产生了光的干涉现象。

水波的干涉和声波的干涉已经被证实过，光波的干涉为什么不容易呢？这是因为光波相遇很难满足相干条件。相干条件要求：频率相同、振动方向相同、相位差恒定。而光波很难满足这个条件，为什么呢？这里我们需要先探讨一下发光的原因。在普通光源中，原子吸收了外界能量而处于能量比较高的状态（激发态），这些激发态是不稳定的，电子在激发态上存在的时间平均只有 $10^{-11} \sim 10^{-8}$ s，随后，原子就会自发地回到能量较低的状态（低激发态或基态）以保持系统的稳定。在此过程中原子多余的能量以电磁波（光波）的形式向外辐射出去。各个分子、原子的发光是间歇性的，一个原子经一次发光后，只有在重新获得足够能量后才能再次发光，每次发光的持续时间极短，在最理想的情况下，也不会超过 10^{-8} s。原子发射的是一段频率一定、振动方向一定、长度有限的光波，称为光波列（见图 1-17）。在普通光源中，各个分子、原子的各次发光完全是相互独立、互不相关的，是一种随机过程，因而不同原子在同一时刻所发出的波列在频率、振动方向和相位上各自独立，同一原子在不同时刻所发出的波列之间频率、

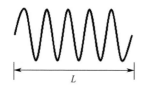

图 1-17　光波列

振动方向和相位也各不相同。在空间各点同时接收到的、来自两个独立光源的光波，在通常所观测的时间（这个时间比 10^{-8} s 要长得多）内，并非只有一对波列。这两光波间的相位差 $\varphi_2 - \varphi_1$ 也将随机地变化。同时，各波列的振动方向又是随机的，因此两个独立普通光源是非相干光源。

由此可知，当电子在两个能级间跃迁时，原子系统释放一个光子，发出一个光波列，而跃迁的偶然性和随机性，让不同的光波列之间没有任何关系，因此很难满足相干条件。如何从普通光源获得相干光呢？从相干条件看，前两个条件是容易实现的，困难来自第三个条件。最根本的要求是使 $\varphi_2 - \varphi_1$ 不随时间而变（这里重要的是两波列初相的差不变，即使 φ_2 和 φ_1 同时变化也无妨）。为了满足第三个条件，可以利用一定的光学系统将同一列光波分解为两部分，让它们通过不同的路径后再重新相遇，实现同一波列自身相干涉的目的。由于这两部分光的相应部分实际上都来自同一原子的同一次发光，所以它们满足振动方向相同、相位差恒定的条件，是相干光。

现在我们采用的光波相干的方法，一种叫分波阵面法（或分波前法），即在同

一个波源的同一个波阵面上取两个子波源；另一种是分振幅法，让同一束光线分成两束后再相遇。两种方法都需要相遇的光线来自同一光源，巧妙地避开发光的随机性。

托马斯·杨是最早采用分波阵面法的，这让杨氏双缝实验成为物理学史上一个非常著名的实验，他以一种非常巧妙的方法获得了两束相干光，观察到了干涉条纹。他第一次以明确的形式提出了光波叠加的原理，并以光的波动性解释了干涉现象。改进后的杨氏双缝实验图如图 1-18 所示。普通单色光源放在透镜 L 的焦点上，在 L 另一侧放置一个开有小狭缝 S 的屏 A，再放置一个开有两个相距很近的平行狭缝 S_1 和 S_2 的屏 B。只要安排适当，就可以在较远的接收屏 E 上观测到一组几乎是互相平行的直线条纹。按照惠更斯原理，杨氏双缝实验中的狭缝 S 可以看成单色点光源，它发出的光波传到开有两个狭缝 S_1、S_2 的屏上。设 S_1、S_2 与 S 的距离相等（即 $\overline{SS_1} = \overline{SS_2}$），则 S_1 和 S_2 是从 S 的波面或波前上分离出来的两个小面元所构成的子波源，它们所发出的球面子波满足相干条件，在交叠区域中将出现干涉现象，在接收屏上看到明暗相间的干涉条纹。

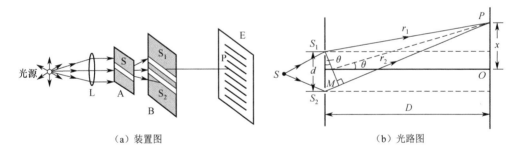

（a）装置图　　　　　　　　　　　　　（b）光路图

图 1-18　杨氏双缝实验图

实验装置中各数据的取值范围一般如下：

接收屏与双缝屏间距 D　　　　　　1～10m

双缝间距 d（$d \ll D$）　　　　　　0.1～1mm

屏上观测范围 $\ll D$　　　　　　　　1～10cm

P 点的干涉结果由观察点 P 到 S 的波程差 δ 确定，且

$$\delta = (\overline{SS_2} + \overline{S_2P}) - (\overline{SS_1} + \overline{S_1P}) = \overline{S_2P} - \overline{S_1P} = r_2 - r_1$$

由图 1-18（b），注意到 θ 很小，得

$$r_2 - r_1 \approx d \cdot \sin\theta \approx d \cdot \tan\theta = d \cdot \frac{x}{D} \tag{1-8}$$

因此

$$\delta = r_2 - r_1 = d\frac{x}{D}$$

当 $\delta = \pm k\lambda$ 时，出现第 k 级明条纹；当 $\delta = \pm(2k-1)\lambda/2$ 时，出现第 k 级暗条纹。明暗条纹位置满足

$$x = \begin{cases} \pm(2k) \cdot \dfrac{D\lambda}{2d} & k = 0,1,2,\cdots \text{ 明条纹中心} \\ \pm(2k-1) \cdot \dfrac{D\lambda}{2d} & k = 1,2,\cdots \text{ 暗条纹中心} \end{cases} \tag{1-9}$$

在 O 点，$x = 0$，$\delta = r_2 - r_1 = 0$，是零级（$k=0$）明条纹或中央明条纹。

托马斯·杨在论文中提出：尽管我仰慕牛顿的大名，但是我并不因此认为他是万无一失的。我遗憾地看到，他也会弄错，而他的权威有时甚至可能阻碍科学的进步。但是在当时闭塞保守的科学氛围中，这样的言论是不被认可的，因此这篇论文并未发表。

杨氏双缝实验使人类首次看到了光的干涉现象，证明了光是一种波。其后菲涅尔、劳埃等按照杨氏双缝实验的思路，创造了一些新的实验装置，为光的波动学说的胜利奠定了坚实的实验基础，使人类对光的本性的认识更近了一步，为干涉计量学的研究和发展开辟了道路。

无论是经典光学还是近代光学，杨氏双缝实验的意义都是十分重大的。爱因斯坦曾提出：光的波动说的成功，在牛顿物理学体系上打开了第一道缺口，揭开了现今所谓的场物理学的第一章。这个实验为一个世纪后量子学说的创立起到至关重要的作用。

光既不是简单由微粒构成的，也不是一种单纯的波。20世纪初，普朗克和爱因斯坦分别指出一种叫光子的东西发出光和吸收光。但是其他实验还是证明光是一种波状物。经过几十年发展的量子学说最终总结了两个矛盾的真理：光子和亚原子微粒是同时具有两种性质的微粒，物理上称为波粒二象性。爱因斯坦把波粒二象性的理论应用到光电效应上，完美地诠释了光电效应的所有实验规律，也因此获得了他一生中唯一的诺贝尔物理学奖，然而对物质微粒的波粒二象性的验证需要进一步的实验证实。

托马斯·杨是一位全才，他对弹性力学也很有研究，定义了材料力学中的弹性模量概念，后人称为杨氏模量。他一生涉足很多领域：医学、光波学、声波学、流体动力学、数学、力学、光学、声学、语言学、动物学……他不仅是个工

科全才，还热爱美术，几乎会演奏当时全部的乐器，会制作天文器材，值得一提的是他破译了几千年以来无人认识的古埃及文字。

二、托马斯·杨的双缝演示应用于电子干涉实验

1960 年，约恩·孙制作出长为 50mm、宽为 0.3mm、缝间距为 1mm 的双缝，并把一束电子加速到 50keV，然后让它们通过双缝。如图 1-19 所示，当电子撞击荧光屏时显示了可见的图样，并可用照相机记录图样结果。电子双缝实验（也称电子干涉实验）的图样与光的双缝实验结果的类似性给人们留下了深刻的印象，这是电子具有波动性的一个实证。更有甚者，实验中即使电子是一个个地发射，仍有相同的干涉图样。但是，当我们试图决定电子究竟是通过哪个缝的，不论用何手段，图样都立即消失，这告诉我们，在观察粒子波动性的过程中，任何试图研究粒子的努力都将破坏波动的特性，我们无法同时观察两个方面。我们希望设计出一种仪器，它既能判断电子通过哪个缝，又不干扰图样的出现，但却是做不到的。这是微观世界的规律，并非实验手段的不足。

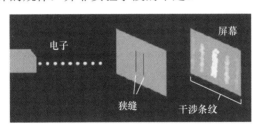

图 1-19 电子双缝实验应用于电子干涉的装置图

图 1-20 表明当少量电子通过双缝落在屏幕上时，其分布看起来毫无规律，并不显示干涉条纹，但是当大量电子通过双缝时，则在屏幕上显示出清晰的干涉条纹。这说明电子的粒子性与波动性的统一，也说明微观粒子的波动性，并不是经典的波，而是一种"概率波"，是大量事件显示出来的一种概率分布，因此电子双缝实验结果意义重大，我们对微观世界的认知逐渐清晰起来，无论微观粒子的"粒子性"还是"波动性"，都不是唯一的，它的双面性在物理学的量子力学研究中，应该用波函数的语言来描述。

实物粒子的波动性得到实验的完美验证后，其应用开始广泛起来，由于电子波动性的波长只有 10^{-10} 米的数量级，远小于可见光的波长，因此利用电子波的显微镜可以大大提高分辨率，电镜和扫描隧道显微镜等成为现代材料学不可或缺的

研究工具。利用简单的杨氏双缝实验装置做的电子双缝实验，也成为物理学实验史上最美丽的一道风景！

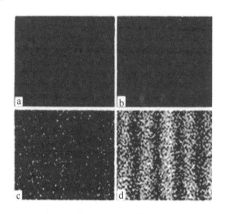

图 1-20　电子双缝实验的屏幕干涉条纹分布图

(图中 a 是 8 个电子，b 是 270 个电子，c 是 2000 个电子，d 是 60000 个电子)

杨氏双缝实验提供了一种测量光波波长的方法：只要测得双缝间距 d、屏幕到双缝的距离 D 和条纹间距 Δx，就可测得光波的波长 λ。从而为测量技术的发展开拓了新的领域。这在物理学发展史上第一次为测定光波波长提供了切实可行的方法。杨氏双缝实验为观察光的干涉现象提供了十分巧妙的方法，历史上首次为光的波动性提供了有力的实验依据，从此，光的波动理论开始为人们所接受。

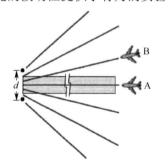

图 1-21　飞机跑道两侧对称放置两个发射相同频率无线电波的天线

不仅在光学领域，在通信领域中，杨氏双缝实验也得到了重要的应用，该实验原理是飞机安全着陆导航系统的理论基础之一。当天空能见度不高时，在一些机场，杨氏双缝实验原理被应用在飞机安全导航系统中，用以指导飞机安全着陆。下面我们简要介绍杨氏双缝实验原理在导航系统中的应用。如图 1-21 所示，两个可发射相同频率无线电波的天线固定在飞机跑道两侧，此时这两个天线装置类似于两个可发出相干光的狭缝。天线发出的两列无线电波发生干涉现象，在空间某些区域干涉加强（图中辐射线所在的位置），在某些区域干涉减弱，这就类似于杨氏双缝实验中的明暗条纹。由对称性可知，沿着跑道的方向为中央零级最大值所在的位置（图中飞机 A 所在的位置），空间信号加强，飞机上装有相应的无线电波强度接收装置。在实际应用的无线电导航系统汇总中，飞机在距离机场监视雷达 370km 的空域即可开始被导航。飞机经过干涉加强的区域时，接收装置显示信号加强，飞机驾驶员沿干涉信号强的区域驾驶。

巧妙的构思，伟大的应用，多方面的实践，杨氏双缝实验是物理学实验中经典而优美的代表。

第六节　傅科钟摆实验

图 1-22　傅科

傅科（Foucault，1819—1868 年，如图 1-22 所示）法国物理学家。他发明了演示地球自转的单摆——傅科摆，实现了光速测量，发现了涡电流。

前文我们讲到伟大领袖毛泽东主席的诗句："坐地日行八万里"，这个"八万里"是地球的周长，"坐地日行"则代表地球的自转，那么人们是如何认知并验证地球是在自转的呢？

16 世纪，哥白尼首先从理论上论证，所谓"天旋"是来自"地转"，之后用几何的方法严格证明了"天比地大，其大无比"。也就意味着，让如此巨大的天穹在 24 小时内绕地球旋转一周是不可能的。之后，伽利略也指出：如果有人认为，为了使地球保持静止状态，整个宇宙应当转动，是不合理的。

然而，尽管理论上人们接受了地球的自转，却没有令人信服的实验来证明。英国著名物理学家胡克和德国的莱西等都做过落体实验，证明落体的落点与竖直悬挂的垂点有偏差，侧面证实了地球的自转，但是偏差过小、有气流影响、不够直观等缺点都难以让人们完全信服地球自转的实验事实。

1851 年，法国著名物理学家傅科为验证地球自转，当众做了一个实验。实验是在法国巴黎的国葬院大厅里做的，傅科用一根长达 67m 的钢丝吊着一个重28kg、直径 0.30m 的摆锤，傅科亲自将摆锤吊在大厅的屋顶中央，摆锤可以在任何方向自由摆动，它的头上带有钢笔，下方放有直径 6m 的巨大沙盘和启动栓，每当摆锤经过沙盘上方的时候，摆锤头上的钢笔会在沙盘上留下运动的轨迹，从而可观测并记录摆锤的摆动轨迹。示意图如图 1-23 所示。

图 1-23　傅科摆和在国葬院的示意图

傅科实验吸引了大批人前来观看，实验开始后，围观的人们亲眼看到了奇特的实验现象。摆锤在摆动的过程中，摆线发生了移动，沿顺时针方向发生了旋转，摆每振动一次，周期是 16.5s，摆尖在沙盘的边缘画出的路线就会移动约 3mm，每小时偏转 11°20′（31h47min 旋转一周）。明明是看到摆锤在自己的面前荡来荡去，但是却离自己越来越远，而自己并没有移动，连在场的教徒也目瞪口呆，不由感叹："脚下的地球好像真的在转动啊！"

轰动巴黎的"傅科摆"实验是历史上第一个完全公开向大众演示地球自转的实验，它生动而形象地说明了地球是在围绕地轴旋转。这一实验装置称为傅科摆，傅科用了很长的摆线，使傅科摆的摆动时间足够长，从而利于观察。使用较大的摆球，可以减少空气阻力的影响，使摆动持续下去，摆线可以在任意方向运动，有利于保持摆动的平面不变化。傅科摆设计精妙、使用方法简单、呈现效果清晰，充分体现了物理学"简单、和谐、对称"之美。

该装置可以显示由于地球自转而产生科里奥利力的作用效应，也就是傅科摆振动平面绕铅垂线发生偏转的现象，即傅科效应。实际上，这等同于观察者观察到地球在摆下的自转。在巴黎的纬度上，钟摆的轨迹是顺时针方向，30h 一个周期；在南半球，钟摆应是逆时针转动的；而在赤道上将不会转动；在南极，转动周期是 24h。

接下来人们的研究发现地球的自转使地表水平运动物体产生偏转，北半球运动物体向右偏，南半球运动物体向左偏。北半球的河流自西向东流，河流两岸呈现出

"北岸多陡峭，南岸多平原"的特征，就是受地球自转产生的科里奥利力（简称科氏力）的影响，此外地球上的信风、旋风、季风等的形成均与此有关，如图 1-24 所示，这项研究给气旋、反气旋和台风等的发生和发展提供了力学基础，为我们发射远程炮弹、火箭升空及卫星上天等高科技的航空航天事业在理论上提供了指导意义。

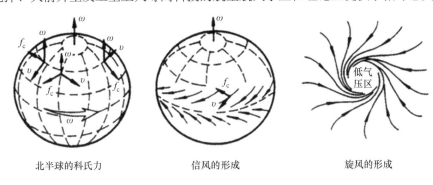

北半球的科氏力　　　　信风的形成　　　　旋风的形成

图 1-24　地球自转产生的信风、旋风

傅科是位努力而勤奋的物理学家，一生为物理学做出了巨大贡献，在力学上，他发明了回转仪，发现了回转罗盘效应；在光学上，他设计了光度仪，创制了"傅科棱镜"，用于偏振光的研究，设计了反射式望远镜的椭球面镜，测量了光速等；在电学上也设计制作了很多仪器，提出了涡电流理论等。傅科注重实验仪器设备的制备、实验方法的设计，以及对物理量的精确测量。

如今，世界各地的科技馆里多陈设了傅科摆，北京天文台里的傅科摆带有清晰的刻度，能准确记录摆动平面的变化。傅科摆以简单的设计体现出了深邃的物理思想，验证了一个客观事实，引领人类对地球家园有了清晰认知。

第七节　密立根的油滴实验

密立根（Millikan，1868—1953 年，如图 1-25 所示），美国实验物理学家，1896—1921 年间，密立根担任美国芝加哥大学物理学教授，并进行了一系列测定电子电荷以及光电效应的工作，包括著名的油滴实验，获得 1923 年诺贝尔物理学奖。

前面讲述的都是有关力学、光学的实验，没有深入到对电的认识，实际上早在 2000 多年前，人们就已经认识到自然界

图 1-25　密立根

中电荷的存在和电的现象。1785 年，库仑利用精巧的扭秤实验测定了两电荷之间的作用力——库仑力，电学进入定量研究；1897 年，J. J. 汤姆逊发现了电子，可是当密立根利用油滴测定基本电荷和电子电量时，人们对自然界连续分布的惯性认知才被完全刷新，物理学研究进入微观量子研究，密立根油滴实验成为开拓性和创新性的经典实验之一。

密立根油滴实验的设备装置和原理图如图 1-26 所示（图中装置是目前实验室普遍使用的装置，是改进后的油滴实验的设备装置图），密立根用一个香水瓶的喷头向一个透明的小盒子里喷油滴，用一个电池分别与小盒子的顶部和底部连接，使之一边成为正电板，另一边成为负电板。当小油滴通过空气时，就会吸引静电，油滴下落的速度可以通过改变电板间的电压来控制。密立根不断改变电压，仔细观察每一颗油滴的运动，当电场力与空气浮力的和等于重力时，即可测量出油滴所带电荷的值。

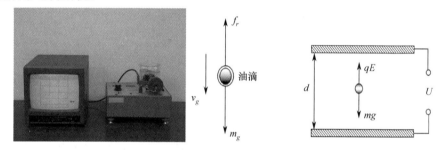

图 1-26　密立根油滴实验的设备装置和原理图

如图 1-26 所示，质量为 m、带电量为 q 的油滴处在两块水平放置的平行极板之间，两极板间距离为 d，电势差为 U，电场强度则为 $E = U/d$，油滴在极板之间受到的电场力为 $qE = qU/d$，同时受到的重力为 mg。改变极板间的电势差 U，就可以改变油滴受到的电场力的大小和方向，当油滴受到的向上的电场力 qE 与其重力 mg 相等时，油滴将在空中静止，此时有

$$q = \frac{mg}{E} = mg\frac{d}{U} \qquad (1\text{-}10)$$

为了测定油滴所带电量 q，除应测出 U、d 外，还必须测出油滴的质量 m。由于油滴非常小，它的半径在 10^{-6}m 数量级，质量约在 10^{-15}kg 数量级，用常规的测量方法是无法测量的，故采用如下方法测量：

当平行板间的电势差 $U = 0$ 时，油滴受重力的作用加速下落，由于也受空气粘滞阻力的作用，下落很小一段距离后，油滴就做匀速运动，设速度为 v，这时油滴的重力与空气粘滞阻力 f 平衡（空气浮力忽略不计），根据斯托克斯定律，粘滞阻力 $f = 6\pi r\eta v$，所以有

$$6\pi r\eta v = mg \tag{1-11}$$

式中，η 是空气的粘滞系数；r 是油滴的半径。由于表面张力的作用，微小的油滴呈小球状，其质量为

$$m = \frac{4}{3}\pi r^3 \rho \tag{1-12}$$

式中，ρ 是油的密度。结合两式可求得油滴的质量和电量。

密立根在实验中先测出平衡电压 U，然后撤去电压，让油滴在空气中自由下降，并在下落达到匀速后，测出下落给定距离 l 所用的时间 t，即可求得一颗给定油滴的所带电量。

为了做出无可辩驳的论证，密立根还用阴极射线、α射线和β射线做了类似的实验，而且还研究了小物体在气体中降落的规律和小物体的布朗运动的规律。1910 年年底，密立根得到了电子的电荷的精确求值：

$$e = 1.5924(17) \times 10^{-19}\,\text{C}$$

目前，公认的电子电量是 $e = 1.60217733 \times 10^{-19}\,\text{C}$，与密立根得到的结果非常接近。油滴实验是近代物理学中直接测量电子所带电量的一个著名实验，由杰出的美国物理学家密立根历经近十年的时间设计并完成。他对带电油滴在静电场中的运动进行了详细的研究和大量实验，测出了基本电荷值，明确了带电油滴所带的电荷都是基本电荷的整数倍，并证实了物体所带电量的不连续性。密立根油滴实验的历史功绩在于其巧妙的设计，使用确切的实验数据证实了电荷的量子性，为物理学的发展做出了卓越的贡献。油滴实验是用宏观的力学模式来解释微观粒子的量子特性，在思想观念上和实验方法上都有很好的启发性和创造性。1916年，密立根用光电效应实验的曲线，测定了普朗克常量。由于油滴实验和普朗克常量测定的成就，密立根荣获了 1923 年的诺贝尔物理学奖，他在诺贝尔奖获奖演讲中强调了他工作得出的两条基本结论，即"电子电荷总是元电荷的确定的整数倍，而不是分数倍"和"这一实验的观察者几乎可以认为是看到了电子"。

"科学是用理论和实验两只脚前进的"，密立根在他的获奖演讲中说道，"有时是这只脚先迈出一步，有时是另一只脚先迈出一步，但是前进要靠两只脚：先建立理论然后做实验，或者是先在实验中得出了新的关系，然后再迈出理论这只脚并推动实验前进，如此不断交替进行"。他用非常形象的比喻说明了理论和实验在

科学发展中的作用。作为一名实验物理学家，他不但重视实验，也极为重视理论的指导作用。

电子电荷是最基本的物理常量之一，是现代物理学的一块重要基石。正如物理学家加尔斯特兰德所说："他（密立根）对单位电荷的精确求值是对物理学的不可估量的贡献，它能使我们以精密度计算大量重要的物理常量。"

第八节　卢瑟福发现核子实验

图 1-27　卢瑟福

卢瑟福（Rutherford，1871—1937 年，如图 1-27 所示），英国著名物理学家，被公认为 20 世纪最伟大的实验物理学家（或者说是法拉第之后最伟大的实验物理学家）之一，在放射性和原子结构等方面都做出了重大的贡献。他被称为近代原子核物理之父。

1803 年，英国物理学家道尔顿提出一切物质都是由不可再分的原子组成的，即原子的实心球模型。模型认为原子是最小微粒，同时同种元素的原子的各种性质和质量都相同，而且原子是微小的实心球体。

虽然经过后人证实，这是一个失败的理论模型，但道尔顿第一次将原子从哲学带入化学研究中，让化学真正从古老的炼金术中摆脱出来，他也因此被后人誉为"近代化学之父"。

然而，英国物理学家 J.J.汤姆逊在实验中发现了电子，电子带负电，而原子是中性的，那么原子中的正电荷是如何分布的呢？物理学家们从不同的角度提出了不同的原子模型，但是 J.J.汤姆逊本人根据对原子的长期研究，提出的"葡萄干布丁"模型影响最大，即大量正电荷以糊状物质的状态聚集在原子内部，中间包含着电子微粒。

卢瑟福在 1898 年发现了α射线。1911 年，卢瑟福在曼彻斯特大学做放射能实验时，原子在人们的印象中就好像是"葡萄干布丁"。卢瑟福和他的学生们想要通过实验来验证这个模型，也可以来确定"葡萄干布丁"的大小和性质。于是他们用α粒子（带正电的氦核）轰击一张极薄的金箔。

实验的装置如图 1-28 所示。放射源中射出α粒子，轰击金箔后打在后面的荧光屏上，通过和荧光屏在一起的可以转动的显微镜来观察从不同角度散射出的α粒子。

卢瑟福和他的助手发现向金箔发射带正电的α粒子会显示如图 1-29 所示的轨迹，即除发生偏转和未发生偏转的α粒子外，还有少量被弹回，这使他们非常吃惊。卢瑟福说："这是我一生中碰到的最不可思议的事情。就好像你用一颗 15 英寸的大炮去轰击一张纸而你竟被反弹回的炮弹击中一样。"

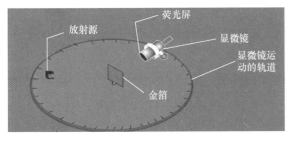

图 1-28　α 粒子散射实验装置示意图

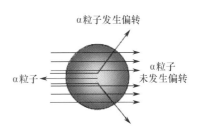

图 1-29　α 粒子运动轨迹示意图

显然，原子的"葡萄干布丁"结构模型无法解释该现象。计算证明，只有假设正电球集中了原子的绝大部分质量，并且它的直径比原子直径小得多时，才能正确解释这个不可想象的实验结果。为此，卢瑟福提出了原子的"有核模型"。原子并不是一团糊状物质，大部分物质集中在一个中心的小核上，称之为核子，电子在它周围环绕。

卢瑟福后来发表了他的新模型。如图 1-30 所示，在他描述的原子图像中，有一个占据了绝大部分质量的"原子核"，它在原子的中心，在原子核的四周，带负电的电子沿着特定的轨道在绕着它运动。这特别像太阳系这样的行星系统，原子核如同恒星太阳一样，电子就是围绕"太阳"的行星，因此这个模型毫无疑问被称为"行星系统模型"。

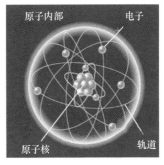

图 1-30　原子的核式结构模型示意图

卢瑟福发现核子是一个开创新时代的实验，是一个开启原子物理和核物理研究的具有里程碑性质的重要实验。同时他推演出一套可供实验验证的卢瑟福散射理论。以散射为手段研究物质结构的方法，对近代物理有相当重要的影响。一旦我们在散射实验中观察到卢瑟福散射的特征，即所谓"卢瑟福影子"，则可预料到在研究的对象中可能存在着"点"状的亚结构。此外，卢瑟福散射也为材料分析提供了一种有力的手段。根据被靶物质大角散射回来的粒子能谱，可以研究物质材料表面的性质（如有无杂质及杂质的种类和分布等），按此原理制成的"卢瑟福质谱仪"已得到广泛应用。

　　当然，卢瑟福发现核子的实验最伟大的贡献是发现了原子的有核结构，揭示了原子的内部结构，以及物质的层次性，为原子物理学以及核物理学的发展奠定了坚实的实验基础。1905 年，爱因斯坦狭义相对论问世，动力学中的质能关系指出了能量与质量的关系，可以说，现代核物理的发展以及核能的利用都是原子核结构和质能关系利用的延伸。

　　不仅如此，原子的核结构还是探索宇宙形成和天文学研究的基础。1932 年，在核物理中发现了中子，知道了原子核是由中子和质子组成的，理论物理学家郎道和物理学家奥本海默先后预言了由中子构成致密星体的设想，认为宇宙中的超新星爆发之后会形成非常致密的星体，全部由中子组成，即中子星。哈勃望远镜拍到的蟹状星云，其中心就是一颗由超新星爆发遗留下来的中子星。

第二章
Chapter **2** / **改变历史的伟大物理实验**

扫一扫

观看本章视频

在自然科学史和人类历史文明的发展中，物理学的内容一直如璀璨的明珠，标志着文明的进程，促进着文明的发展和进步，又和文明相互依存。随着物理学的发展，诞生了许多蕴含着重要思想和意义的理论，然而这些理论能够为人们认知并应用，需要物理实验的验证与说明。

"四方上下曰宇，往古来今曰宙"，宇宙就是时间、空间和物质的总称。牛顿认为，空间就像一无所有的空箱子，时间则是像河流一样永远均匀流逝的东西。按牛顿的观点，物质与时空互不影响，物质就在这无限的时间和无穷的空间中永恒地游动。运动是相对的，伽利略和牛顿持有的观念符合通常人们的认知，如同宋朝诗人陈与义在《襄邑道中》中的诗句：

> 飞花两岸照船红，
>
> 百里榆堤半日风。
>
> 卧看满天云不动，
>
> 不知云与我俱东。

然而，爱因斯坦的相对论则认为，物质与空间之间相互影响，"物质告诉时空如何弯曲，时空告诉物质如何运动"，不存在没有任何物质的时间和空间。

究竟哪个才是事物的本质呢？其实这是一个发展的过程，每一个阶段的理论都很有道理，受到当时人们的深度认可，但是随着理论进步、科技发展，尤其是物理实验结果的呈现，使我们的认知更深入、更全面，从而修正观点，拨云见日。

在物理学史上，经典的物理实验有很多，它们也许没有入选美丽的十大物理实验，但同样给人类认知和物理学理论的发展带来不可估量的作用。

第一节　奥斯特电流磁效应实验

图 2-1　奥斯特

奥斯特（Ørsted，1777—1851 年，如图 2-1 所示），丹麦物理学家、化学家和文学家。在物理学领域，他首先发现载流导线的电流会对磁针产生作用力，使磁针改变方向，证明了电流也具有磁效应；在化学领域，他发现了铝元素。除此之外，他创建了"思想实验"这个名词，也是第一位明确描述思想实验的现代思想家。

在历史上很长一段时期里，磁学和电学的研究一直彼此独立地发展着。当人们关于电的研究取得突飞猛进的成果时，关于磁的成就却很少。很多物理学家相信电和磁是不可能发生联系的。直到 1820 年，奥斯特做了电流产生磁效应的实验，从而改变了这种观念，电磁学的研究进入辉煌时期。

丹麦物理学家奥斯特是哥本哈根大学的教授，他的课程一直深受学生的欢迎，因为奥斯特是一位热情洋溢、重视科研和实验的教师，他说："我不喜欢那种没有实验的枯燥的讲课，所有的科学研究都是从实验开始的。"所以，奥斯特的课堂上包含大量的实验。1820 年 4 月某一天上课时，奥斯特无意中让通电的导线靠近了指南针，却发现了小磁针的微微转动。这个现象并没有引起在场其他人的注意，奥斯特却是个有心人，他非常兴奋，紧紧抓住这个现象，接连三个月深入研究，反复做了几十次实验，最终确定了实验结果和正确的实验结论，首次提出了电和磁之间的联系——电流的磁效应。奥斯特发现电流的磁效应以后，于同年 7 月 21 日发表了关于电流与磁体间相互作用实验的论文，在欧洲物理学界引起极大的关注。

奥斯特的实验装置如图 2-2 所示，当一条载流导线沿南北方向放置时，其正下方附近原先沿南北指向的小磁针会发生偏转，而当电流反向流动时，小磁针的偏转也会反向，即载流导线对磁铁有力的作用，不久，他又发现磁铁也可使通电导线发生偏转。

小磁针的偏转需要受到磁场力的作用，而磁场力显然来自载流导线，那么通电的电流会和永久磁铁等一样产生磁场力，这就是电流的磁效应。之后，物理学家安培做了圆电流产生磁作用实验，两平行通电导线间和两圆电流间也都存在相互作用，发现了直电流附近小磁针取向的右手定则。安培进一步的实验表明，磁铁对载流导线、两条载流导线之间也都有力的作用，一段载流直螺线管的作用和一根条形磁铁是相似的。再后来，毕奥、萨伐尔、拉普拉斯等物理学家和数学家通过实验结果做理论推导，得到了具体的数学公式，也得到了研究磁场的定理，关于磁学的研究理论就这样一步一步逐渐被完善，应用也日益增多。

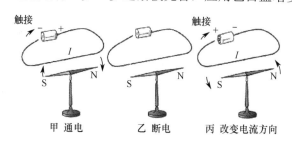

图 2-2　奥斯特的实验装置

奥斯特的实验看似简单，因为是在课堂中的偶然所得，因此奥斯特也被称为"A lucky Dane"（一个幸运的丹麦人）。但我们应该看到，这个结果离不开奥斯特的细心与坚韧，对物理现象的敏感和对物理实验的认真，奥斯特的电流磁效应实验是改变旧的错误观点和建立新的正确理论的转折点，物理学关于电磁理论的研究从这里出发。

奥斯特还是卓越的演讲家和自然科学普及工作者，1824 年，他倡议成立丹麦科学促进协会，创建了丹麦第一个物理实验室。物理实验是奥斯特所提倡的，奥斯特电流磁效应实验也永远载入了史册。

第二节　法拉第电磁感应实验

图 2-3　法拉第

法拉第（Faraday，1791—1867 年，如图 2-3 所示），英国物理学家、化学家，也是著名的自学成才的科学家。法拉第首次发现了电磁感应现象，进而得到产生交流电的方法。

法拉第是位朴素的理论物理学家，他坚持认为理论是对称的，这让他最早提出"场"和"力线"的概念，并且他坚持"磁能生电"的结论，从而建立了电磁学的基础，成为麦克斯韦电磁理论的先导。法拉第还是位实验物理学家，他的一生都与物理实验相伴，电磁感应定律的发现更是离不开其数年间不断进行的实验，无数次失败、无数次改进，才最终获得正确的结果。法拉第发明了圆盘发电机，是世界上第一台发电机。

前文我们讲过，奥斯特发现了电流的磁效应，由此说明电流的周围存在磁场，电能生磁。这一发现引起了物理学界的轰动。随之而来的问题是：既然电能生磁，那么磁能否生电？当时世界上许多物理学家都在探讨这个问题。法拉第也是其中之一。由于头脑中坚定的信念，法拉第以坚忍不拔的毅力，花费十年时间，经过无数次实验，终于在 1831 年 8 月 29 日第一次观察到电流变化时产生的感应现象。

图 2-4 是法拉第实验的四个典型实验图，如图 2-4（a）所示，磁棒插入或抽出螺线管时，检流计检测到回路有电流流通；如图 2-4（b）所示，载流线圈插入或抽出螺线管时，检流计检测到回路有电流流通；如图 2-4（c）所示，接通或断开初级线圈时，检流计检测到次级线圈有电流流通；如图 2-4（d）所示，导线切割磁力线运动时，检流计检测到回路中有电流流通。

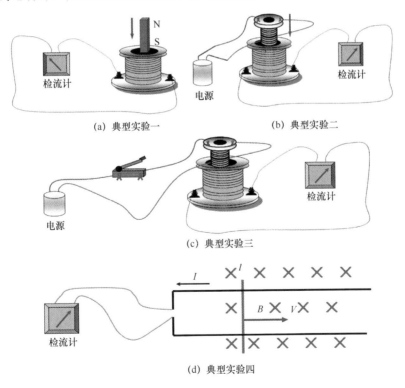

(a) 典型实验一　　　　　　　　　　(b) 典型实验二

(c) 典型实验三

(d) 典型实验四

图 2-4　电磁感应典型实验

可以看出感应电流的产生都是在"动和变化"中的，这是许多物理学家不曾想到和失败的缘由，安培甚至宣布：磁生电是不可能的。1825 年，瑞士物理学家克拉顿设计实验的思路与方法和法拉第的完全相同，他把磁铁插入闭合线圈，试图观察线圈是否产生感应电流，为了避免磁铁对检流计的影响，特意把检流计放在隔壁的房间里。他一个人做实验，只能来回跑。他先在一个房间里把磁铁插入线圈中，再跑到另一个房间里去观察检流计的偏转，每次都发现检流计并没有偏转，其实是因为没有考虑"暂态过程"。

根据实验结果，法拉第指出：当通过导体回路的磁通量发生改变时，回路内就有电流出现，这个现象称为电磁感应现象。回路中的电流叫感应电流，回路中的电动势叫感应电动势。

若导体回路的电阻是 R，R 改变，感应电流也要改变，但感应电动势不变，它仅与导体回路的磁通量的改变有关。由此看出，感应电动势比感应电流更有本质的意义。实际上，在法拉第发现电磁感应现象的同时，远在大洋彼岸的美国物理学家亨利在用电磁铁装置进行电报机实验时，发现通电线圈在断开时会产生强烈的电火花，即自感现象。俄国物理学家楞次把法拉第的发明和安培的电动力理论结合在一起，提出了确定感应电流方向的基本理论。1845 年，德国物理学家诺依曼依据上述物理学家的理论提出了电磁感应定律的数学表达式：

$$\varepsilon_i = -k\frac{\mathrm{d}\Phi}{\mathrm{d}t} \qquad (2\text{-}1)$$

采用国际单位制，感应电动势 ε_i 的单位是伏特；时间 t 的单位是秒；磁通量 Φ 的单位是韦伯，比例系数 k 是 1（在国际单位制中 $k=1$）。

这就是电磁感应定律的数学表达式。为了纪念法拉第，把它称为法拉第电磁感应定律。即

$$\varepsilon_i = -\frac{\mathrm{d}\Phi}{\mathrm{d}t} \qquad (2\text{-}2)$$

法拉第用一个可转动的金属圆盘置于磁铁的磁场中，并用电流表测量圆盘边沿（A）和轴心（O）之间的电流（如图 2-5 所示）。实验表明，当圆盘旋转时，电流表发生了偏转，证实回路中出现了电流，也就是说实现了机械能转变为电能，这是历史上第一台发电机，称为"法拉第圆盘发电机"。

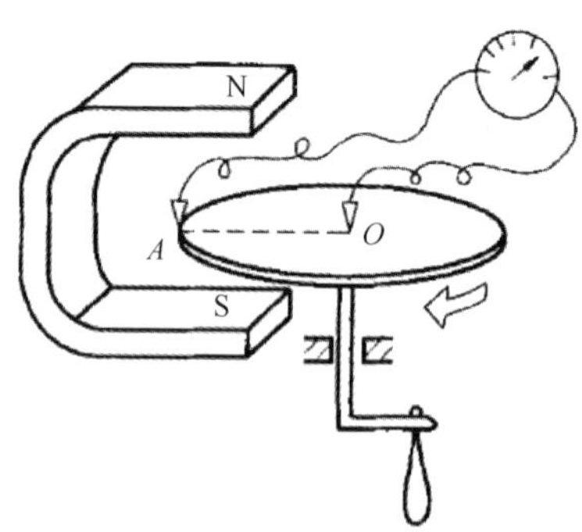

图 2-5 法拉第圆盘发电机原理图

发电机是利用电磁感应现象将机械能转化为电能的装置，从力学方面来说，外力做功表示外界向发电机提供了机械能，磁场力做负功表示发电机接受了此能量。实际的发电机构造都比较复杂，例如，线圈的匝数很多，它们都镶嵌在硅钢片制成的铁芯上，组成电枢；磁场是用电磁铁激发的，磁极一般不止一对。大型发电机的电压较高，电流也很大，为了便于电流的输出，一般采用转动磁极式，即电枢不动，磁体转动。

1866 年，德国科学家西门子制成一部发电机，后来几经改进，逐渐完善。到 19 世纪 70 年代，实际可用的发电机问世。

法拉第从奥斯特已经发现的"如果电路中有电流通过，它附近的普通罗盘的磁针就会发生偏移"的现象中得到了启发，认为假如磁铁固定，线圈就可能会运动。根据这种设想，他成功地发明了一种简单的装置。在装置内，只要有电流通过线路，线路就会绕着一块磁铁不停转动。事实上法拉第发明的是第一台电动机，是第一台使用电流使物体运动的装置。虽然装置简陋，但它是今天世界上使用的所有电动机的祖先。

磁电式检流计就是利用载流矩形线圈在磁场中受一力偶矩而转动的原理制成的，在电磁测量中被广泛应用，它可以改装成电流表、电压表和欧姆表等。

1870 年，比利时工程师格拉姆发明了电动机，电动机的发明实现了电能和机械能的转换。随后，电灯、电车、电钻、电焊机等电气产品如雨后春笋般涌现。

法拉第出身贫寒，从小就要到文具店和书店打工，但他热爱自然科学，利用业余时间刻苦自学，人们说他在书店当学徒工的七年相当于上了大学，因为他常常是一边工作一边阅读科学书籍，尤其是《大英百科全书》。一次偶然的机会，他聆听到了英国皇家学会会长戴维的报告，于是记下厚厚的笔记寄给戴维，要求获得一份在皇家学会打工的机会。在英国皇家学会，他从清洁工做起，凭着对自然科学的热爱，最终成为一代物理学大师。他刻苦、永不言败的精神永远值得后人敬仰。法拉第一生朴素，不图名利，只为科学工作而献身，他去世时，人们遵其遗嘱，其墓碑上只有名字和日期，没有任何歌功颂德的话语，因为他一生都坚持要做一个朴素的人。

法拉第留下了很多名言，如"科学家不应是个人的崇拜者，而应当是事物的崇拜者。真理的探求应是他唯一的目标。"和"我的一生，用科学来侍奉上帝。"当被人质疑他发现的电磁感应定律有什么用时，他说："你怎么知道一个刚出生的婴儿将来会做什么呢？"这句话也是对物理学这样的基础学科最有意义的评价，因为理论一旦转化为技术，带给人类的变革将是革命性的。

后来的发展验证了这句话，法拉第电磁感应定律的发现，标志着电力时代的来临。法拉第的另一重大研究成果是，提出了力线和场的概念，加深了人们对物质世界的认识。

1911 年，科学家发现了超导体的零电阻效应，1933 年，又发现了超导体的完全抗磁效应。完全抗磁性是超导体磁悬浮的物理基础，由于超导体"不允许"其内部有任何磁场，因此如果外界有一个磁场要通过超导体内部，那么超导体必然会产生感应电流，然后感应电流产生一个与之相反的磁场，保证内部磁场强度为零，这就形成了一个斥力。这是超导磁悬浮的原理，如图 2-6 所示，实际就是电磁感应和安培力的应用。

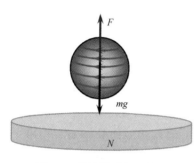

图 2-6 磁悬浮受力示意图

电磁感应的应用在今天依然无处不在，在我们的生活和工业生产中随处可见。我们使用的银行卡、公交卡等卡片是磁介质的，刷卡就是电磁感应，我们做饭用的电磁炉利用的是电磁感应中的感应电流产生热量，和工业上使用的高频感应加热炉是一个原理。2003 年 12 月 2 日，日本超导磁悬浮列车问世，随后，德国、中国的磁悬浮列车也相继问世。

理论上，我们从电磁感应实验和电磁感应定律中，深入认识了电磁世界的本质，成为麦克斯韦电磁学基本方程组中的一条。在实际应用上，人们将电和磁联系起来，在电工技术、电子技术及电磁测量等方面都有广泛的应用，人类社会从此迈进了电气化时代。

第三节　赫兹验证电磁波实验

赫兹（Hertz，1857—1894 年，如图 2-7 所示），德国物理学家，于 1888 年首次证实了电磁波的存在，从而证明了麦克斯韦方程组的正确性，为经典电磁学大厦的建立封了顶。赫兹对电磁学做出了巨大贡献，故频率的国际单位制单位以他的名字命名。

一、麦克斯韦电磁理论

1873 年，麦克斯韦的著作《电磁学通论》问世，这是一部电磁理论的经典著作，在这本书里，英国物理学家麦克斯韦总结了前人的成就（如库仑的基本定律、奥斯特的电流的磁效应、法拉第的电磁感应现象、高斯关于静电场的性质、高斯定理、安培的环流定理等），并极富创造性地做出了关于感应电场和位移电流的假设，建立了一整套完整的宏观电磁理论。变化的磁场产生感应电动势，麦克斯韦认为中间有一座桥梁，先激发感应电场，感应电场推动电荷运动产生感应电动势。变化的电场产生磁场，麦克斯

图 2-7　赫兹

韦认为中间仍有一座桥梁，变化的电场产生位移电流，位移电流激发磁场。麦克斯韦用两个基本假设架起了两座桥梁，说明了电场和磁场的相互激发，完成了整个电磁学的方程组，更是用数学方法推证出电磁波的存在和特性，麦克斯韦电磁学方程组成为最伟大的方程。

麦克斯韦建立了方程组，预言了电磁波的存在，遗憾的是麦克斯韦本人没有证实自己提出的理论（在一定程度上可以说是"没有去证实"）。这有客观原因，也有主观原因。由于环境和工作条件的限制，麦克斯韦一直没有更多的机会做电磁实验。热力学和分子物理学的研究耗去了他大部分时间和精力。其次，他主要是个理论物理学家。就像他的学生弗莱明（1849—1945 年）后面所说的那样，"他从理论上预言了电磁波的存在，但好像从来没有想到过要用什么实验去证明它。"法拉第一辈子都没有离开过实验，可以说没有实验就没有法拉第。麦克斯韦却恰好相反，他只是在伦敦的五年里进行了一些有限的实验，还多半是气体动力学方面的。他的住所，靠近屋顶的地方有一间狭长的阁楼，那就是他的实验室。他的妻子常常给他当助手，生火炉，调节室内温度，实验条件相当简陋。后来在皇家学院实验室里，他做过一些电学实验，也多只是测定标准电阻这一类工作。《电磁学通论》完成以后，麦克斯韦忙着筹建卡文迪什实验室，整理卡文迪什的遗著，直到生病去世。

二、赫兹验证电磁波实验

1887 年，30 岁的赫兹用实验成功验证了电磁波的存在。赫兹是著名物理学家

赫姆霍兹（发现能量转化和守恒原理、建立赫姆霍兹方程）的学生。麦克斯韦预言的电磁波在当时看来是虚无缥缈的，人们无法理解那是一个什么样的东西，它看不见，摸不着，在那时谁也没有见过、验证过它的存在。可是，赫兹却坚信它是存在的，因为它是麦克斯韦理论的一个预言。而麦克斯韦理论在数学上简直完美得像一个奇迹！这样的理论，很难想象它是错误的。

图 2-8 是赫兹验证电磁波实验的装置图，A、B 是中间留有小空隙（约 0.1mm）的铜棒，分别接到高压感应圈的两电极上，感应圈上的周期性电压加到两棒间的空隙上，当电压升高到空气被击穿时，电流就往复地通过空隙而发生火花，这时就相当于一个振荡偶极子，发射间断性的，做减幅振荡的电磁波。如果用一个不接感应圈的相同结构的偶极子 C、D 来接收，适当调节接收偶极子的位置、取向和长度，可以使它发生共振，在空隙间产生放电火花，证实振荡偶极子能够发射电磁波。

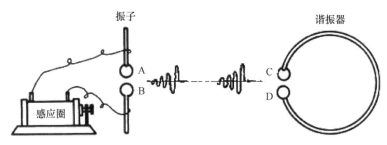

图 2-8   赫兹验证电磁波实验的装置

如果麦克斯韦是正确的，那么在两个铜球之间就应该产生一个振荡的电场，同时引发一个向外传播的电磁波。赫兹在实验室的另一边，放了一个开口的铜环，在开口处也各镶嵌了一个小铜球。那是电磁波的接收器，如果麦克斯韦的电磁波真的存在的话，那么它就会穿越这个房间到达另外一端，在接收器那里感应出一个振荡的电动势，从而在接收器的开口处也激发出电火花。

赫兹看到了淡蓝色的电火花在铜环的缺口处不断绽开，整个铜环却是一个隔离的系统，既没有连接电池，也没有任何其他的能量来源。赫兹注视了足足有一分钟之久，在他眼里，那些蓝色的电火花如此美丽。终于他揉了揉眼睛，直起腰来：现在不用再怀疑了，电磁波真真实实地存在于空间之中，正是它激发了接收器上的电火花。他胜利了，成功解决了这个八年前由柏林普鲁士科学院提出悬赏的问题；同时，麦克斯韦的理论也胜利了，物理学的一个新高峰——电磁理论被建立起来。伟大的法拉第为它打下了地基，伟大的麦克斯韦建造了它的主体，而今天，他，伟大的赫兹，为这座大厦封了顶。

三、赫兹验证电磁波实验的伟大意义

赫兹的实验是伟大的，一方面，这个实验彻底建立了电磁理论，为经典物理学的繁荣又增添了浓厚的一笔，另一方面，它却埋藏着促使经典物理学毁灭的武器，那是什么呢？

原来，赫兹在实验中发现这么一个奇怪的现象。由于电火花很暗淡，不容易观察，赫兹便把它隔离在一个黑暗的环境里。为了使效果尽善尽美，他甚至把发生器产生的那些电火花光芒也隔离起来，不让它们干扰到接收器。然而，当没有光照射到接收器的时候，接收器电火花所能跨越的最大空间距离一下子就缩小了。也就是说，没有光照时，我们的两个小球必须靠得很近才能产生电火花。当有光照射到这个缺口上的时候，似乎电火花就出现得更容易一些。

赫兹对这个结果反复思索，但却没有结果。他把这个发现记录下来，并发表了《论紫外光在放电中产生的效应》一文，但在当时并没有引起很多人的注意。当时，学者们正在为电磁场理论的成功而欢欣鼓舞，在为一个巨大的商机而激动不已，没有人想到这篇论文的真正意义。连赫兹自己也不知道，他已经触摸到了量子的边缘，量子存在的证据就在他的眼前，几乎触手可及。不过，也许量子的概念太过爆炸性，太过革命性，命运在冥冥中安排它必须在新世纪才可以出现，而把怀旧和经典留给了旧世纪。只可惜赫兹去世得太早，没能亲眼看到它的诞生，也没能目睹它究竟会给这个世界带来什么样的变化。

这是个光辉的时代，从 1820 年奥斯特发现电流的磁效应，安培完成五大实验验证和计算磁效应，到 1831 年法拉第发现电磁感应，1834 年楞次给出感应电流的方向，再到 1873 年麦克斯韦完成电磁场通论，一个个光辉的名字构建了电磁学雄伟的大厦。

终于，在 19 世纪的最后几年，一连串意想不到的事情发生了。

1895 年，伦琴发现了 X 射线。

1896 年，贝克勒尔发现了铀元素的放射现象。

1897 年，居里夫人和她的丈夫皮埃尔·居里研究了放射性，并发现了更多的放射性元素：钍、钋、镭。

1897 年，J. J. 汤姆逊在研究了阴极射线后认为它是一种带负电的粒子流，电子被发现了。

1899 年，卢瑟福发现了元素的嬗变现象。

这一切发现，都标志着物理学的革命——量子时代就要来临，物理学的理论也将发生翻天覆地的变化。

赫兹实验的另一个意义是开启了无线电通信时代。1894 年，赫兹还不到 37 岁就离开了这个他为之醉心的世界。然而，同一年中，一位在度假的 20 岁意大利青年读到了赫兹关于电磁波的论文；两年后，这个青年在公开场合进行了无线电通信的表演，不久他的公司成立，并成功地拿到了无线电专利证。到了 1901 年，赫兹去世后的第 7 年，无线电报已经可以穿越大西洋，实现两地的实时通信了。这个来自意大利的年轻人就是古格列尔莫·马可尼，与此同时，俄国的波波夫也在无线电通信领域做了同样的贡献。麦克斯韦的学生弗莱明在 1904 年发明了电子管，1906 年，福雷斯特把电子管应用到线路中，使电磁波的发射和接收都成为容易办到的事情。他们掀起了一场革命的风暴，把整个人类带进了一个崭新的"信息时代"，给人类的生活带来了巨大的改变。

电磁波和电磁理论的研究使通信、广播和信息传输技术飞速发展。物质电磁性质的研究推动了材料科学的发展，使优质材料不断涌现。建立在电磁理论基础上的光学研究拓宽了光学研究领域。对"以太"的深入研究促进了狭义相对论的诞生，这些推动了 20 世纪以来科学技术的繁荣发展。

如今，电磁波和电磁场的应用无处不在，现代军事、医疗、探测、航空航天等各项事业的发展，都离不开电磁应用，它对人类生活影响和科学技术进步起着不可估量的作用。著名物理学家费曼在《费曼物理学讲义》中写道："从人类历史的长远观点来看，例如从今往后一万年来看，几乎无疑的是，19世纪最重要的事件将判定为麦克斯韦发现电动力学定律。"

第四节　迈克尔逊–莫雷光速测量实验

迈克尔逊（Michelson，1852—1931 年，如图 2-9 所示），美国实验物理学家，主要从事光学和光谱学方面的研究，他以毕生精力从事光速的精密测量，在有生之年，他一直是光速测量的国际中心人物。他发明的迈克尔逊干涉仪用来测量微小长度、折射率和光波波长，在研究光谱线方面起着重要的作用，至今仍然是测量微小长度最精确的仪器。迈克尔逊因发明精密光学仪器，以及借助这些仪器在光谱学和度量学的研究工作中所做出的贡献，被授予诺贝尔物理学奖。

图 2-9　迈克尔逊

一、实验装置

迈克尔逊干涉仪是一种分振幅双光束干涉仪，仪器图与光路图见图 2-10。从光源 S 发出的一束光射到分束镜 G_1 上，G_1 板后表面镀有半反射（银）膜，这个半反射膜将一束光分为两束，一束为反射光（1），另一束为透射光（2），当激光束以与 G_1 呈 45° 角射向 G_1 时，被分为互相垂直的两束光，它们分别垂直射到反射镜 M_1、M_2 上，M_1、M_2 相互垂直，则经反向后这两束光再回到 G_1 的半反射膜上，又重新汇集成一束光。由于反射光（1）和透射光（2）为两束相干光，因此，我们可在 E 方向观察到干涉现象。G_2 为补偿板，其物理性能和几何形状与 G_1 相同，且与 G_1 平行，其作用是保证（1）、（2）两束光在玻璃中的光程完全相等。精密导轨与 G_1 呈 45° 角，为了使光束（1）与导轨平行，激光应垂直导轨方向射向迈克尔逊干涉仪。反射镜 M_2 是固定不动的，M_1 可在精密导轨上前后移动，从而改变（1）、（2）两光束之间的光程差，干涉条纹可以随之发生移动。通过测量干涉条纹移动情况，能够算出 M_1 移动的距离。

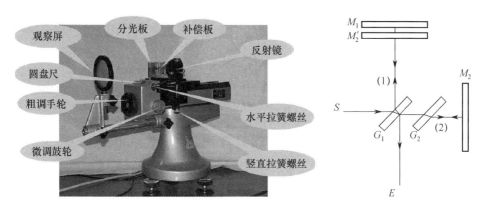

图 2-10　迈克尔逊干涉仪仪器图与光路图

二、光速测量实验

历史上曾存在过以下猜想：光波（电磁波）和机械波一样，必须通过媒质才能传播。传播光的媒质被命名为"以太"。麦克斯韦电磁理论只在某一特殊的惯性系中成立，而该惯性系就是相对于"以太"静止的参考系，称为绝对惯性系。在绝对惯性系中，"以太"均匀、静止地弥漫在整个宇宙空间，即使是真空也不例外。麦克斯韦理论预言的光速 c 是相对于绝对惯性系（"以太"系）的速率，且沿各个方向都相同。在非绝对惯性系中，光的速度仍然遵循伽利略速度变换。

为了证实"以太"的存在，发现不同惯性系中光速的差异，人们设计了许多实验，其中最著名的是 1887 年迈克尔逊和莫雷所做的利用迈克尔逊干涉仪测量光速的实验。

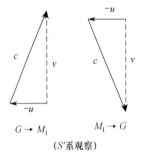

(S'系观察)

图 2-11 迈克尔逊-莫雷实验原理图

由于地球自转的同时也在绕太阳转动，因此，地球可能相对于"以太"在运动。现把固定在地面上的整个装置作为运动参考系 S' 系（地面参考系），设想它相对于"以太"参考系 S 系以速度 $\vec{u}$ 运动（方向如图 2-11 所示），则从地面参考系 S' 系来看，光线（1）自 G 到 M_1 和自 M_1 到 G 的速率均为 $v=\sqrt{c^2-u^2}$ ，所需时间为

$$t_1=\frac{2L_1}{\sqrt{c^2-u^2}}=\frac{2L_1}{c\sqrt{1-u^2/c^2}} \tag{2-3}$$

式中，L_1 为光自 G 到 M_1 的光程。

同理，从地面参考系来看，光线（2）自 G 到 M_2 和自 M_2 到 G 的速率分别为 $c-u$ 和 $c+u$ ，所需时间为

$$t_2=\frac{L_2}{c-u}+\frac{L_2}{c+u}=\frac{2L_2}{c(1-u^2/c^2)} \tag{2-4}$$

式中，L_2 为光自 G 到 M_2 的光程。

忽略镜面的影响，得两束光到达望远镜的时间差为

$$\Delta t=t_2-t_1=\frac{2L_2}{c}\cdot\frac{1}{1-u^2/c^2}-\frac{2L_1}{c}\cdot\frac{1}{\sqrt{1-u^2/c^2}} \tag{2-5}$$

若将仪器旋转 $90°$ 再重复以上实验，则时间差为

$$\Delta t'=t_2'-t_1'=\frac{2L_2}{c}\cdot\frac{1}{\sqrt{1-u^2/c^2}}-\frac{2L_1}{c}\cdot\frac{1}{1-u^2/c^2} \tag{2-6}$$

两次测量的时间差为

$$\Delta t - \Delta t' = \frac{2(L_1 + L_2)}{c}\left(\frac{1}{1 - u^2/c^2} - \frac{1}{\sqrt{1 - u^2/c^2}}\right)$$

$$= \frac{2(L_1 + L_2)}{c}\left[\left(1 + \frac{u^2}{c^2} + \cdots\right) - \left(1 + \frac{u^2}{2c^2} + \cdots\right)\right]$$

（2-7）

由于 $u \ll c$，所以，上式可写成

$$\Delta t - \Delta t' \approx \frac{L_1 + L_2}{c} \cdot \frac{u^2}{c^2}$$

（2-8）

上式表明，只要 $u \neq 0$，旋转后的干涉图样就应有变化。但迈克尔逊-莫雷实验以及后来人们改进实验装置多次重复这一实验，测量结果几乎都没有变化，这证明 $u = 0$，即不存在"以太"，或地球相对"以太"静止。这个结果在物理学史上被称为著名的"零结果"。

这是和伽利略变换乃至整个经典力学不相容的实验结果，它曾使当时的物理学界大为震惊。当时几乎没有人怀疑牛顿的绝对时空观和伽利略变换的正确性，因为它们的结论与现实生活的经验完全相符。抛弃"以太"是他们难以接受的。于是人们就提出种种假想来拯救"以太"，例如，洛仑兹提出物体运动时受到的压力长度变短（洛仑兹收缩），还有人提出地球在"以太"中运动时带动"以太"一起运动（"以太"曳引假说）等。但这些理论都不能解释当时所有的实验现象。唯一合理的解释是"以太"根本不存在，真空中光速在所有参考系中都等于 c。

三、实验的伟大意义

迈克尔逊-莫雷实验的伟大意义在于否定了"以太"的存在，从而否定了绝对参考系，它是英国物理学家开尔文口中"经典物理学天空中的一朵乌云"，为爱因斯坦创立狭义相对论奠定了实验基础。后续我们会在爱因斯坦思想实验的介绍中详细予以说明。

迈克尔逊干涉仪原理简明，构思巧妙，是精密光学仪器的典范。近代干涉仪有许多都是从迈克尔逊干涉仪的基础上发展起来的，这些干涉仪可准确测量光波的波长、微小长度和透明介质的折射率等，在近代计量技术中得到了广泛应用。

2017 年诺贝尔物理学奖颁给三位美国天文学家，表彰他们在"激光干涉引力波天文台"（LIGO）项目和发现引力波所做的贡献，LIGO 外观如图 2-12 所示。

1991 年，麻省理工学院与加州理工学院在美国国家科学基金会（NSF）的资助下，开始联合建设 LIGO。LIGO 是位于美国华盛顿州汉福德和路易斯安那州利文斯顿的双胞胎观测台。为什么要设两个观测台？这是因为两个台之间的距离为 3000 千米，如果两台观测仪都观测到了引力波，一方面可以更加确定，另一方面会有一个微小时差，通过时差，我们就能测定出引力波来自何处。不过，LIGO 建成后一开始并没有什么作为，经过数次耗资不菲的改造，LIGO 总算带来了好消息。

图 2-12　LIGO 外观

　　LIGO 的工作原理就是依托迈克尔逊干涉仪，工作原理如图 2-13 所示。在实际工作过程中，LIGO 光路中的光线还需要来回反射很多次，这样有效光路将变长很多倍，能提高检测的灵敏度（精度）。简单地说，假设有两个短跑运动员，他们在任何情况下跑步速度都一样，那么，如果跑道因为引力波扰动，长度发生了变化，他们从 LIGO 的两条腿上跑回来的时间就会发生一些微小的差异。根据差异，我们就知道，空间确实在振动。由于时间久远，空间漫长，波动微弱，因此 LIGO 探测到引力波非常不易。

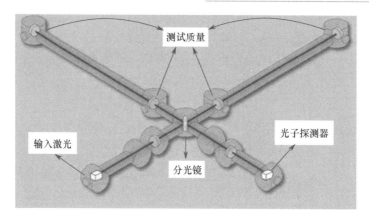

图 2-13　LIGO 工作原理

在实际的 LIGO 引力波探测器中，迈克尔逊干涉仪的干涉臂的臂长达到 4 千米，在多次反射后可以达到几千千米，这一干涉长度对引力波的中心频率为 100 赫兹的信号最为敏感。引力波探测的精度是 10^{-21}，相当于测量地球到太阳的距离精确到原子半径的大小。LIGO 首次探测到的引力波就是 13 亿年前双黑洞旋转合并时引起的时空涟漪，如图 2-14 所示。之后的两次探测结果都是双黑洞的合并事件。2017 年 10 月 16 日，LIGO 宣布探测到距离地球 1.3 亿光年的双中子星并合所产生的引力波，这是人类首次探测到双中子星并合事件。

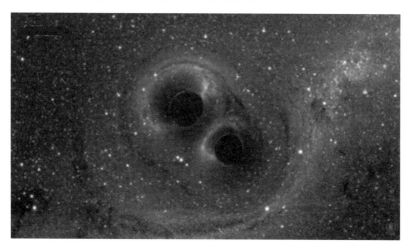

图 2-14　双黑洞合并产生引力波

从爱因斯坦预言引力波和黑洞的存在，到 LIGO 引力波探测器探测到引力波，在近 100 年的时间里，我们不得不为理论物理学家超越常人的思想而惊叹，也不得不为实验物理学家精妙的实验和孜孜不倦的努力而赞叹。

第五节　戴维逊-革末电子衍射实验

戴维逊（Davisson）和革末（Germer）都是美国的物理学家，如图 2-15 所示。戴维逊出生于美国伊利诺伊州，先后在芝加哥、普度和普林斯顿大学接受了物理教育。他曾先后师从密立根和理查德森，都是有名的光电子理论专家。完成学

图 2-15　戴维逊和革末

业之后，戴维逊本应顺理成章地进入大学教学，但因其个人原因最终放弃了大学教学的机会，加入西部电气公司的工程部去做研究工作。这个部门在 1925 年被当时 AT&T 的总裁吉福撤销，摇身一变成为大名鼎鼎的贝尔电话实验室（Bell Labs）。

革末是戴维逊的助手。1927 年他们共同完成了电子衍射实验，证明了德布罗意物质波理论的正确性。为了说明这个电子衍射实验，下面先从德布罗意提出物质波的概念说起。

一、德布罗意物质波理论

德布罗意是法国物理学家，如图 2-16 所示，曾和哥哥莫里斯一起研究 X 射线，两人经常讨论有关的理论问题。莫里斯曾在 1911 年第一届索尔维会议上担任秘书，负责整理文件。莫里斯参加完第一届索尔维会议并带回会议记录，会议的主题与辐射和量子论有关，会议中的最新科学进展和最新思想深深地吸引了德布罗意。莫里斯和另一位 X 射线专家布拉格关系密切，布拉格曾主张过 X 射线的粒子性。这个观点对莫里斯有很大影响，所以他经常与弟弟讨论波和粒子的关系，这促使德布罗意开始深入思考波粒二象性的问题。至此，德布罗意把兴趣转向物理，第一次世界大战后，他进入大学学习物理学。

图 2-16　德布罗意

法国物理学家布里渊（Brillouin）在 1919—1922 年间发表过一系列论文，提出一种能解释玻尔定态轨道原子模型的理论。他设想原子核周围的"以太"会因电子的运动激发一种波，这种波互相干涉，只有在电子轨道半径适当时才能形成环绕原子核的驻波，因而轨道半径是量子化的。这一见解被德布罗意吸收了，他把"以太"的概念去掉，把"以太"的波动性直接赋予电子本身，对原子理论进行了深入探讨。

1923 年 9 月至 10 月，德布罗意连续在《法国科学院通报》上发表了三篇有关波和量子的论文。第一篇的题目是《辐射——波与量子》，提出实物粒子也有波粒二象性，认为与运动粒子相应的还有正弦波，两者总保持相同的位相。后来他把这种假想的非物质波称为相波。他考虑一个静质量为 m_0 的运动粒子的相对论效应，把相应的内在能量 $m_0 c^2$ 视为一种频率为 ν_0 的简单周期性现象。他把相波概念应用到以闭合轨道绕核运动的电子，推出了玻尔量子化条件。

在第二篇题目为《光学——光量子、衍射和干涉》的论文中，德布罗意提出如下设想：在一定情形中，任一运动质点能够被衍射。穿过一个相当小的开孔的电子群会表现出衍射现象。正是在这一方面，有可能寻得我们观点的实验验证。

在第三篇题目为《量子气体运动理论以及费马原理》的论文中，他进一步提出：只有满足位相波谐振，才是稳定的轨道。在第二年的博士论文中，他更明确地提出：谐振条件是 $l = n\lambda$，即电子轨道的周长是位相波波长的整数倍。

德布罗意在题目为《关于量子理论的研究》博士论文中提出：整个世纪以来，在光学中过于忽略了粒子性的研究，那么在实物粒子上是否发生了相反的错误呢？ $E = h\nu$、$P = h/\lambda$ 不仅适用于光子，而且也适用于实物粒子。对动量为 P 的实物粒子，相应的物质波的波长为

$$\lambda = \frac{h}{P} \qquad (2\text{-}9)$$

这一式子被称为德布罗意关系式。

论文得到了答辩委员会的高度评价，认为很有独创精神，但人们总认为他的想法过于玄妙，没有认真地加以对待。例如，在答辩会上，有人提问是否有办法验证这一新的观念。德布罗意回答道：通过电子在晶体上的衍射实验，应当有可能观察到这种假定的波动的效应。在他兄长的实验室中有一位实验物理学家道威利尔（Dauvillier），他曾试图用阴极射线管做这样的实验，试了一次，没有成功，就放弃了。后来分析，可能是因为电子的速度值不够大，当作靶子的云母晶体吸

收了空中游离的电荷。如果实验者一直认真做下去，相信会做出结果。

德布罗意的论文发表后，在当时并没有引起多大反响。后来引起了人们的注意是由于爱因斯坦的支持。朗之万曾将德布罗意的论文寄给爱因斯坦，爱因斯坦看到后非常高兴。他没想到自己创立的有关光的波粒二象性观念，在德布罗意手里竟发展成如此丰富的内容，还扩展到了运动粒子。当时爱因斯坦正在撰写有关量子统计的论文，于是就在其中加了一段介绍德布罗意工作的内容。他写道：一个物质粒子或物质粒子系可以怎样用一个波场相对应，德布罗意先生已在一篇很值得注意的论文中指出了。这样一来，德布罗意的工作立即获得了大家的注意。

德布罗意在这里并没有明确提出物质波这一概念，他只是使用了位相波或相波的概念，认为可以假想有一种非物质波。可是究竟是一种什么波呢？然后他提出质点能够被衍射，说明了其具有的波动性。在他的博士论文结尾处，他特别声明：我特意将相波和周期现象说得比较含糊，就像光量子的定义一样，可以说只是一种解释，因此最好将这一理论看成是物理内容尚未说清楚的一种表达方式，而不能看成是最后定论的学说。

物质波是在薛定谔方程建立以后，诠释波函数的物理意义时才由薛定谔提出的。再有，德布罗意并没有明确提出波长 λ 和动量 p 之间的关系式：$p = h/\lambda$（h 即普朗克常量），只是后来人们发觉这一关系在他的论文中已经隐含了，就把这一关系称为德布罗意公式。当 1926 年薛定谔发表他的波动力学论文时，曾明确表示：这些考虑的灵感，主要归因于德布罗意先生的独创性论文。

二、戴维逊-革末电子衍射实验过程

物质具有波动性，为什么长久以来人们并没有觉察到呢？我们举两个例子来说明。第一个例子是当一个质量为 50g 的小球，以 20m/s 的速率运动时，其德布罗意物质波的波长是多少呢？

$$\lambda = h/(mv) = 6.63 \times 10^{-34} \, \text{m}$$

第二个例子是动能为 100eV 的电子，其德布罗意波长为多少呢？

$$\lambda = h/\sqrt{2mE_K} = 0.123 \text{nm}$$

上面例子可以很清晰地看出，我们周围的物体是大质量物体（宏观物体），它的德布罗意物质波波长太小，以至于观测不到，但微观粒子的波动性还是比较明显的。

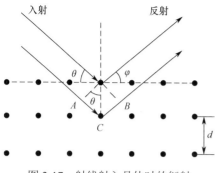

图 2-17　射线射入晶体时的衍射

德布罗意设想过电子在晶体上的衍射，然而实验没有成功。他将电子束像光束那样射到光栅上做衍射，看是否出现衍射结果。但光栅要求其缝间距 d 或 a 都与波长 $\lambda = 0.123\mathrm{nm}$ 具有相同的数量级。晶体上各个晶格的存在是非常好的光栅。

如图 2-17 所示，X 射线射到晶体上，图中黑色点即为晶格，在 φ 角方向收集反射射线，如果是干涉加强，则应满足条件

$$d(\sin\theta + \sin\varphi) = k\lambda \qquad (2\text{-}10)$$

这个条件若对晶体中任何原子均成立，必须满足 $\theta = \varphi$，则

$$2d\sin\varphi = k\lambda \qquad (2\text{-}11)$$

1913 年，布拉格父子研究 X 射线在晶体上反射得到此公式，称为布拉格反射公式。

1925 年，戴维逊和革末正在位于纽约的实验室里进行一个实验：用电子束袭击一块金属镍。实验要求金属的表面绝对纯净，所以戴维逊和革末把金属放在一个真空的容器里，以确保没有杂质混入其中。然而，2 月 5 日，突然发生了意外，真空容器因为某种原因发生了爆炸，空气一拥而入，迅速氧化了镍的表面。戴维逊和革末非常沮丧，因为通常来说发生了这样的事故后，整个装置就基本上报废了。不过这次，他们决定对其进行修补，重新净化金属表面，把实验从头来过。在当时，去除氧化层的最好办法就是对金属进行高温加热，这也正是两人所做的。

他们没有想到容器里的金属在高温下发生了变化：原本它是由许许多多块小晶体组成的，但在加热之后，整块镍融合成了几块大晶体。虽然从表面看来，两者并没有太大的不同，但内部却发生了剧变。

两个多月后，实验继续进行。一开始没有出现什么奇怪的现象，可是到了 5 月中旬，实验曲线突然发生了剧烈的改变。两人百思不得其解，因此实验也毫无成果地拖了一年多的时间。

之后，戴维逊参加了一个在牛津召开的科学会议。会议由著名的德国物理学家波恩主持，他提到了戴维逊早年的一个类似的实验，并认为可以用德布罗意波

来解释。德布罗意波，戴维逊还是第一次听到这个名词。不过戴维逊立即联想到了自己最近获得的奇怪数据，便把它们拿出来供大家研究。几位著名的科学家进行了热烈讨论，并认为这很可能就是德布罗意所预言过的电子衍射。

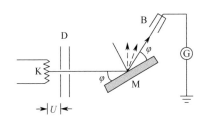

图 2-18 戴维逊-革末电子衍射实验装置图

1927 年，戴维逊和革末做了电子衍射实验，这一次他们让电子获得更高的速度。装置如图 2-18 所示。图中 K 是发射电子的电子枪，电子射出后，电子束经过电场被加速，加速电压为 U。加速后的电子束射入镍单晶上（晶格常数为 0.091nm）。经晶体反射后进入探测器形成电流。用检流计可以检测电流的大小。

若电子仅仅具有粒子性，当加速电压 U 增大时，电子速度增加，单位时间射向晶体的数目增加，则电流强度增加。

由于电子具有波动性，通过加压后获得的动能 $E = eU$，则物质波的波长为

$$\lambda = \frac{h}{\sqrt{2meU}} = \frac{12.3}{\sqrt{U}} \tag{2-12}$$

当满足相干条件

$$2d \sin \varphi = k\lambda = k\frac{12.3}{\sqrt{U}} \tag{2-13}$$

在 φ 角获得加强的值。

图 2-19 电子衍射实验曲线

在同一角度上，随着电压的不同，电子速度也不同，电子的波长也随之改变，当满足上式时，电流最大，不满足时，电流较小，所以随着加速电压的增加，电流时大时小。当固定电压，改变入射角时，也有类似的变化。戴维逊和革末的实验曲线如图 2-19 所示，说明了电子波动性的存在。

同一年，G. P. 汤姆逊使用更高速的电子（相当于通过 1000 到 8000V 电压获得其速度的电子）独立地做了电子衍射实验，同样证明了德布罗意关系式。他用非常薄的金、铂和铝片做实验。让电子垂直地照射到薄膜上，然后用照相底片把衍射图样拍摄下来。衍射图样是一系列的同心圆。根据这些衍射圆环的直径，便可

计算出射入电子的物质波波长，实验结果与德布罗意关系式完全一致。电子束通过薄晶，直接观察到了电子衍射花纹。

德布罗意获得 1929 年诺贝尔物理学奖，戴维逊和 G. P. 汤姆逊则于 8 年后共同获得 1937 年诺贝尔物理学奖。

三、物质波的应用

物质波的提出，从理论上给出我们认识微观粒子的新概念。之后建立起的海森堡不确定原理、波函数、薛定谔方程等，逐渐构建起量子力学大厦，因此物质波概念是量子力学的基础。可以说，从发现物质波开始，物理学进入了量子时代。

从实际应用上讲，物质波被逐渐应用于生活，电子显微镜就是最好的例子。电子波，其波长 $\lambda = 0.1\text{nm}$ （甚至更小），远远小于可见光波长，用电子束和电子透镜代替光束和光学透镜，其分辨率很高，如图 2-20 所示，现在电子显微镜最大放大倍率超过 300 万倍，而光学显微镜的最大放大倍率约为 2000 倍，所以通过电子显微镜就能直接观察到构成某些重金属的原子和晶体中排列整齐的原子点阵。电子显微镜是现代材料研究、医学研究等必不可少的精密仪器。

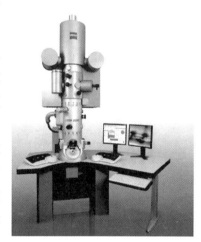

图 2-20　电子显微镜

物质波是微观粒子的基本特性，是量子力学的基础，100 年后的今天，在量子力学上发展的量子科技是世界上最先进的技术之一，量子技术对未来科技前沿的主导权影响很大，各技术强国之间的竞争也非常激烈。在量子测量方面，科学家们目前已经掌握了原子的激光冷却与俘获技术、原子喷泉技术、物质波的干涉操控技术、原子能态及相关量子信息的探测提取技术等关键技术。这些技术对于飞行器定位、大型工事侦察、自主定位导航、反潜等军事领域的应用十分关键。量子通信和量子加密是十分强大的加密手段，根据海森堡不确定原理，密钥无法被第三者探测到，并且一旦试图探测，在测量量子态的某个性质时，另一个性质将受到扰动，也就是说一旦试图破解，就会被发现，因此理论上不可能被破译。一台真正的量子计算机的运算能力顶得上所有计算机运算能力之和，但量子计算机一旦取得突破，那么现在所有的加密算法都将被暴力破解，因此，量子计算机也是目前科技强国重点关注的技术难题。

值得骄傲的是，2020 年我国"九章"量子计算原型机问世，如图 2-21 所示，实现算力全球领先。由潘建伟、陆朝阳等组成的研究团队与中国科学院上海微系统所、国家并行计算机工程技术研究中心合作，通过自主研制同时具备高效率、高全同性、极高亮度和大规模扩展能力的量子光源，同时满足相位稳定、全连通随机矩阵、波包重合度优于 99.5%、通过率优于 98% 的 100 模式干涉线路，相对光程 10^{-9} 以内的锁相精度，高效率 100 通道超导纳米线单光子探测器，成功构建了 76 个光子 100 个模式的高斯玻色取样量子计算原型机"九章"。

图 2-21 "九章"量子计算原型机

取名"九章"是为了纪念我国古代的数学专著《九章算术》，它是"算经十书"（汉唐之间出现的十部古算书）中最重要的一本。魏晋时刘徽为《九章算术》做注：周公制礼而有九数，九数之流，则《九章》是矣。《九章算术》是中国古代灿烂文化的重要部分，也是中华文明对世界文明的卓越贡献之一。

根据最优的经典算法，"九章"对于处理高斯玻色取样的速度比当时世界排名第一的超级计算机"富岳"快一百万亿倍，等效地比谷歌发布的 53 比特量子计算原型机"悬铃木"快一百亿倍。同时，通过高斯玻色取样证明的量子计算优越性不依赖于样本数量，解决了谷歌 53 比特随机线路取样实验中量子优越性依赖于样本数量的漏洞。"九章"输出量子态空间规模达到了 1030（"悬铃木"输出量子态空间规模是 1016）。该成果牢固确立了我国在国际量子计算研究中的第一方阵地位，为未来实现可解决具有重大实用价值问题的规模化量子模拟机奠定了技术基础。此外，基于"九章"量子计算原型机的高斯玻色取样算法在图论、机器学习、量子化学等领域均具有潜在应用，将是后续发展的重要方向。

第六节　黑体辐射实验

1900 年 4 月 27 日，物理学界的元老、英国物理学家开尔文（Lord Kelvin，1824—1907 年，本名威廉·汤姆逊，如图 2-22 所示）在英国皇家学会做了一次讲演，并于 1901 年发表了以这次讲演为基础、经过补充的文章。文章一开始就提及："动力学理论断言热和光都是运动的形式，现在这种理论的优美性和明晰性被两朵乌云遮蔽得黯然失色了……一朵乌云是随着光的波动性而开始出现的。地球如何能够通过本质上是以太这样的弹性固体运动呢？第二朵乌云是麦克斯韦-玻耳兹曼关于能量均分的学说。"具体一些，这两朵乌云就是迈克尔逊-莫雷实验的结果

图 2-22　开尔文

和黑体辐射实验的结果。所以，尽管经典物理学获得了巨大的发展和成功，在开尔文所说的"两朵乌云"面前却显得无能为力。随着这"两朵乌云"的解决，近代物理学的两大理论支柱——相对论和量子论诞生了。

一、黑体辐射实验的历史背景

19 世纪后期，普鲁士大力发展钢铁工业，把自己的国家从一个以生产土豆为主的农业国，变成一个以生产钢铁为主的工业国，实现大幅度的进步。但是普鲁士的鲁尔区产煤却没有铁，于是在普法战争胜利后获得了法国的两个省（阿尔萨斯和洛林），这两个省有铁却没有煤。中学时我们在语文课本上读到的法国著名作家都德的《最后一课》描述的就是这段历史。

回到主题，我们想讲述的是炼钢过程中发现的黑体辐射规律。炼钢需要控制炉温，炉温是如何控制的呢？当然不能在炉子里放置一个温度计，因为温度计在高温下会被烧化，那怎么办呢？工程师们想到在高炉上开一个小孔，由于高炉是密闭容器，光线一旦射入就无法出来，所以测量小孔处的辐射，就相当于测量黑

体的辐射度。

任何物体都不停地向周围辐射电磁波。室温下，物体在单位时间内向外辐射的能量很少，且在长波范围内。随着温度的升高，辐射能量急剧增加，辐射的电磁波中短波部分所占的比例也逐渐增加。如煤常温时呈黑色，加热时随着温度的升高，逐渐变成暗红色、红色、黄色，当温度进一步升高时，其火苗呈蓝色甚至紫色。物体这种由温度决定的电磁辐射称为热辐射。

在温度 T 下，物体向外辐射各种波长的电磁波。为了研究物体辐射能量随波长变化的分布规律，我们引进单色辐射出射度（简称单色辐出度）的概念，用 $M_\lambda(T)$ 表示。它的定义为：单位时间内从物体单位面积上辐射的波长在 λ 附近单位波长间隔内的电磁波能量，即

$$M_\lambda(T) = \frac{\mathrm{d}W_\lambda}{\mathrm{d}\lambda} \tag{2-14}$$

这样在温度 T 下，单位时间从物体单位表面积上向外辐射的包含各种波长的电磁波的总能量为

$$W(T) = \int \mathrm{d}W_\lambda = \int_0^\infty M_\lambda(T)\mathrm{d}\lambda \tag{2-15}$$

物体的单色辐出度 $M_\lambda(T)$ 是否仅仅与波长 λ 和温度 T 有关呢？不是的。基尔霍夫发现，$M_\lambda(T)$ 与物体的材料和表面吸收电磁波的能力有关，而且吸收能力较强的表面，其辐射电磁波的能力也较强。这样，作为研究的基础，我们研究一种理想物体的热辐射，它的表面有最强的吸收能力，能将投射在上面的电磁波能量全部吸收，完全不反射和透射，这样的理想模型被称为绝对黑体，简称黑体。严格地说，绝对黑体是不存在的，它是真实物体的一种抽象。一个用不透明材料做成的空腔上开着的小孔可以近似地看成绝对黑体，如图 2-23 所示。射在小孔上的电磁波经过空腔内壁的吸收与反射，再从孔中射出的可能性微乎其微，完全可以忽略不计，所以辐射到小孔上的电磁波可以认为完全被小孔所吸收。大房间的小窗户、前面说的炼钢冶炼炉的小孔都可以近似地看成绝对黑体。

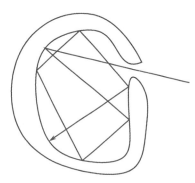

图 2-23　绝对黑体模型

二、黑体辐射实验的实验规律

对黑体辐射的研究是热辐射中最重要的课题。实验表明，绝对黑体的单色辐出度 $M_{B\lambda}(T)$ 仅与温度 T 和波长 λ 有关，与黑体的材料和表面情况无关。$M_{B\lambda}(T)$ 随 λ 和 T 变化的实验曲线如图 2-24 所示。

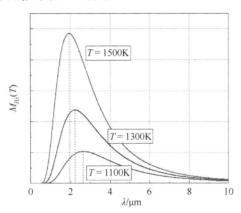

图 2-24　黑体辐射的实验曲线

根据实验曲线，可以得出有关黑体辐射的两条定律。

1）斯忒藩-玻耳兹曼定律

图 2-24 中曲线下的面积表示在温度 T 时，单位时间内从单位表面积的黑体上辐射出的总能量 $W(T)$，它与 T^4 成正比，写成

$$W(T) = \sigma T^4 \tag{2-16}$$

式中，比例常量 $\sigma = 5.67 \times 10^{-8}\ \mathrm{W/(m^2 \cdot K^4)}$ 为斯忒藩常量。本定律是由斯洛文尼亚物理学家斯忒藩和奥地利物理学家玻耳兹曼分别于 1879 年和 1884 年独立提出的，两人的方法不同，斯忒藩是对实验数据的归纳总结，玻耳兹曼是从热力学理论出发推导出来的。定律表明，随着温度升高，黑体的辐射程度急剧增加。

定律具有普适性和深远意义，如为什么太阳系中的地球具有合适的温度，适宜生命的存在呢？我们先来看看太阳的总辐射率（单位时间内辐射的能量）：

$$L_s = 4\pi R_s^2 \sigma T_s^4$$

式中，太阳半径 $R_s = 6.96 \times 10^5\ \mathrm{km}$，太阳表面温度 $T_s = 6000\ \mathrm{K}$。那么，单位时间内它辐射到地球公转轨道单位面积上的能量为

$$E = \frac{L_{\mathrm{s}}}{4\pi r_{\mathrm{se}}{}^{2}} = \left(\frac{R_{\mathrm{s}}}{r_{\mathrm{se}}}\right)^{2}\sigma T_{\mathrm{s}}^{4} \approx 0.14\,\mathrm{W/cm^2} = 2.0\,\mathrm{cal/(cm^2 \cdot min)}$$

式中，$r_{\mathrm{se}} = 1.5 \times 10^{8}\,\mathrm{km}$ 是太阳和地球之间的平均距离，E 称为太阳常数，它是决定地球上一切生命的常数。

假设地球是一个黑体，那么它达到能量收支平衡（吸收太阳的能量与辐射的能量相等）时的温度是多少？显然应有

$$4\pi R_{\mathrm{e}}{}^{2}\sigma T_{\mathrm{e}}^{4} = \pi R_{\mathrm{e}}{}^{2}\left(\frac{R_{\mathrm{s}}}{r_{\mathrm{se}}}\right)^{2}\sigma T_{\mathrm{s}}^{4}$$

$$T_{\mathrm{e}} = \left(\frac{R_{\mathrm{s}}{}^{2}}{4r_{\mathrm{se}}{}^{2}}\right)^{1/4}T_{\mathrm{s}} \approx 300\,\mathrm{K}$$

式中，R_{e}、T_{e} 分别是地球的半径和表面温度。这是一个相当准确的结果，这个温度是生命最佳温度，组成生命的蛋白质大分子数量最多，是最适宜的温度。

2）维恩位移定律

1893 年，德国物理学家维恩利用实验数据，总结得到每一条辐射曲线都有一个最大值，对应一个峰值波长 λ_{m}。随着物体温度 T 的增高，峰值波长 λ_{m} 向短波方向移动，且满足

$$\lambda_{\mathrm{m}}T = b \tag{2-17}$$

式中，$b = 2.898 \times 10^{-3}\,\mathrm{m \cdot K} \approx 0.3\,\mathrm{cm \cdot K}$。此式被称为维恩位移定律。

这两个定律说明黑体辐射的功率随着温度的升高而迅速增加，而且辐射的峰值波长随着温度的升高向短波方向移动。例如，低温度的火炉发出的辐射能量较多地分布在波长较长的红光中，高温度的白炽灯发出的辐射能量则较多地分布在波长较短的蓝光中。

辐射的规律在现代科学技术上有着非常广泛的应用，是测高温、遥感、红外追踪等技术的物理基础。根据维恩位移定律，如果实验测出黑体单色辐出度的峰值波长，就可以算出这一黑体的温度。例如，太阳光谱单色辐出度的峰值波长 $\lambda_{\mathrm{m}} \approx 483\,\mathrm{nm}$，由式（2-17）求得太阳表面温度 $T \approx 6000\,\mathrm{K}$。图 2-25 是太阳的辐射曲线，显然在可见光区域内太阳辐射的能量最大，这就暗示着，人眼之所以能够看到在 400～760 nm 范围的光，是人类在发展的漫长岁月中逐渐适应自然的结果。

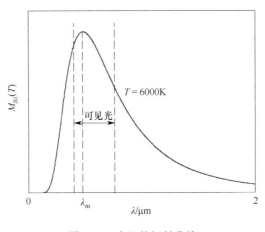

图 2-25 太阳的辐射曲线

三、解释黑体辐射实验时经典物理的困难

19 世纪末期，人们通过实验测得了这些曲线，却无法从理论上做出解释。辐射的问题似乎并不困难，因为关于热现象有热力学理论，关于电磁波的辐射有麦克斯韦电磁理论，这些理论成功解释了很多有关的自然现象。人们设想，如果它们结合起来应该可以圆满解释黑体辐射的实验规律。

经典理论认为，电磁波是带电粒子振动状态的传播，空腔辐射电磁波是因为腔壁上大量带电粒子在各自平衡位置附近以各种不同频率做谐振动（这样的带电粒子称为谐振子），根据能量按自由度均分定理，每个谐振子的平均能量都是 kT（k 是玻耳兹曼常量）。谐振子振动时，向周围空间发射频率与各自振动频率相同的电磁波，形成连续的辐射能谱。

1．瑞利-金斯公式

1890 年，瑞利和金斯应用能量按自由度均分定理得到公式：

$$M_{B\lambda}(T) = c_1 \lambda^{-4} T \qquad (2\text{-}18)$$

如图 2-26 所示，瑞利-金斯公式在长波时与实验符合得非常好；在短波时却有当 $\lambda \to 0$，$M_{B\lambda}(T) \to \infty$。这个不合理的结论出现在短波紫外区，所以被称为"紫外灾难"。

2．维恩公式

1896 年，维恩从热力学出发，认为黑体辐射是一些服从麦克斯韦速率分布律的分子发出来的。他通过精密的演绎，提出了辐射能量分布定律的公式：

$$M_{B\lambda}(T) = c_2 \lambda^{-5} e^{-\frac{c_3}{\lambda T}}$$
(2-19)

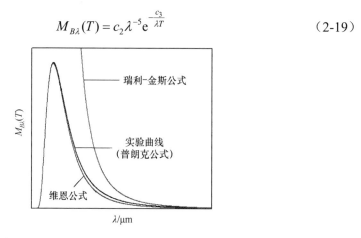

图 2-26　黑体辐射理论曲线与实验结果的比较

通过图 2-26 可以看出，维恩公式在短波时与实验符合得非常好，但在长波时与实验有明显偏差。

以上两式都来自经典理论，但都不能解释实验结果，原因是它们推导的出发点不同，瑞利-金斯公式是从经典的电磁波的角度推导的，维恩公式则是从粒子的角度推导的，两者不能合二为一，这意味着经典理论有着严重的缺陷。

这个难题困扰着物理学家们，当开尔文描述出这朵乌云时，人们并不知道该如何解决，更不知道一个崭新的理论将从这里拉开序幕。

四、普朗克能量子假设

图 2-27　普朗克

普朗克（Planck，1858—1947 年，如图 2-27 所示），德国理论物理学家，量子论的奠基人。

1900 年，普朗克仔细研究了辐射问题。他想，既然瑞利-金斯公式在长波段与实验曲线符合得很好，维恩公式在短波段符合得不错，那么把这两个公式凑在一起，不就可以解决问题了吗？于是他利用数学上的内插法，提出了一个经验公式。经过验证，他的公式与实验结果精确匹配。当时普朗克并不能对公式的物理本质做出解释。为了说明公式的物理根源，他经过近两个月的苦苦思索，最后提出了能量子假设。普朗克也把空腔壁看成是由大量带电谐振子组成的系统，但谐振子的能量并不是经典物理中的 kT ，而是某个最小能量单元 ε_0 的整数倍，即 $\varepsilon_0, 2\varepsilon_0, 3\varepsilon_0, \cdots$ ；黑体所吸收或

辐射的能量也是 ε_0 的整数倍。ε_0 与谐振子的频率 ν 成正比，即

$$\varepsilon_0 = h\nu \tag{2-20}$$

最小能量值 ε_0 被称为一个能量子，比例常量 $h = 6.626 \times 10^{-34}$ J·s，称为普朗克常量。

谐振子的能量 E 只能取 $h\nu$ 的整数倍，称为能量的量子化，写成

$$E = nh\nu \tag{2-21}$$

n 是正整数，称为量子数。上述假设被称为普朗克能量子假设。

在普朗克能量子假设的前提下，普朗克得到绝对黑体的单色辐出度公式为

$$M_{B\lambda}(T) = \frac{2\pi hc^2 \lambda^{-5}}{\mathrm{e}^{hc/k\lambda T} - 1} \tag{2-22}$$

式中，c 是光速，k 是玻耳兹曼常量，T 是温度，λ 是波长。这个式子与黑体辐射的实验曲线完美匹配。

普朗克能量子假设与经典物理是格格不入的。我们知道，经典物理中谐振子的能量是连续的，而普朗克能量子假设认为，谐振子的能量只能是 $h\nu$ 的整数倍。这里普朗克强调："必须假定，能量在发射和吸收时，不是连续不断的，而是分成一份一份的。"这个过程实际上是艰辛的，要下定这个决心，完全抛弃经典物理的观点并不容易。他说："在走投无路的情况下，我'绝望地''不惜任何代价地'提出了能量子假设。""我并不期望发现新大陆，只希望理解已经存在的物理学基础，或许能将其加深。""我却内心不安，诚惶诚恐，把本来很和谐的经典物理学弄得一团糟。"以上普朗克的话都体现了普朗克本人对这个观点的犹豫不决。

然而，历史的车轮总是在向前滚动的。由于普朗克能量子假设与经典物理学是严重抵触的，1900 年至 1904 年几乎没有人提到它，就连普朗克本人对自己的巨大贡献也没有足够的重视，甚至花费十几年的时间企图由经典物理来导出他的假设，当然这种努力是徒劳的。第一个认识到普朗克能量子假设具有伟大意义的是爱因斯坦，1905 年，他运用量子的观点成功解释了光电效应。

普朗克公式解释了黑体辐射的实验规律，因此是正确的，但经典物理的规律也有大量的实验基础。那么如何才能把这两个看似相互矛盾的概念统一起来呢？关键在于普朗克常量 h 的数值非常小，例如，一个宏观谐振子，频率为 $\nu = 1\mathrm{s}^{-1}$，能量为 $E = 10^{-3}$ J，按照普朗克能量子假设，这样的能量有多少个能量子？由 $E = nh\nu$，可得

$$n = \frac{E}{h\nu} = \frac{10^{-3}}{6.626 \times 10^{-34} \times 1} \approx 1.509 \times 10^{30}$$

这是一个极大的数字！增减一个能量子引起的能量变化 $\Delta E = h\nu$ 与 E 本身相比，实在是微乎其微。这说明，由于宏观物体能量所对应的量子数 n 非常大，以至于可以完全不考虑由于量子数变化引起的能量的不连续变化，而将能量看成是连续的。这种情况同电荷量子化的情况是相似的，严格地说，任何物体所带的电量都应该是电子电量的整数倍，因而是不连续的，但是如果物体所带的电量比电子电量大得多，就可以把物体所带的电量看成是连续的。

因此，经典物理中谐振子能量的连续性和普朗克能量子假设中带电谐振子能量的不连续性并不矛盾。如果我们把能量写成 $E = nh\nu$，那么，当量子数 n 很小时，才需要考虑能量的不连续性。当量子数很大时，经典物理和量子假设是一致的，它们之间没有区别，这个论述称为"对应原理"。它是由玻尔在 1913 年提出的。

另一个类似的例子是：当速度 $v \ll c$ 时，洛仑兹变换和伽利略变换是一致的，相对论和经典物理没有区别。

普朗克能量子假设圆满解释了辐射的实验规律，开创了物理学的新篇章，具有划时代的意义。它使物理学家们明白物理学还有广阔的未被开发的领域。量子力学的第一炮终于打响，这里面包含了黑体辐射实验在内的多个实验与理论的发现，人们终于慢慢揭开了量子世界的面纱。量子概念登上物理舞台，虽历尽坎坷，却生命力旺盛，正应了我国元末明初文学家施耐庵在《水浒传》中所写的：

> 莫语常言道知足，万事至终总是空。
>
> 理想现实一线隔，心无旁骛脚踏实。
>
> 谁无暴风劲雨时，守得云开见月明。
>
> 花开复见却飘零，残憾莫使今生留。

第七节　光电效应实验

前文我们讲过，赫兹验证电磁波的实验时，发现一个奇怪的现象，当有光照射到缺口上时，似乎电火花更容易出现。赫兹描述出了这个现象，却没有深究其中的原因。后来赫兹英年早逝，他的研究也被搁置了。

紫外线射入电火花间隙会帮助产生电火花，这个发现引起了物理学家们的好奇，许多物理学家开始做进一步的实验研究。其中包括威廉·霍尔伐克士（Wilhelm Hallwachs）、奥古斯图·里吉（Augusto Righi）、亚历山大·史托勒托夫（Aleksandr Stoletov）等。他们进行了一系列有关光波对带电物体所产生效应的调查研究，特别是紫外线。这些调查研究证实，刚刚清洁干净的锌金属表面，如果带有负电荷，不论数量有多少，当被紫外线照射时，会快速地失去负电荷；如果电中性的锌金属被紫外线照射，则会很快变为带有正电荷的锌金属，而电子会逃逸到金属周围的气体中；如果吹强风于金属，则可以大幅度增加其带有的正电荷数量。

约翰·艾斯特（Johann Elster）和汉斯·盖特尔（Hans Geitel）首先发明出实用的光电真空管，能够用来量度辐照度。艾斯特和盖特尔将其用于研究光波照射带电物体时产生的效应，获得了巨大成功。他们将各种金属依光电效应的放电能力从大到小顺序排列，发现越具正电性的金属给出的光电效应越大。

1888 至 1891 年间，史托勒托夫完成了很多有关光电效应的实验并进行了分析。他设计出一套实验装置，非常适合定量分析光电效应。

约瑟夫·汤姆逊设计出粒子荷质比的光电效应实验装置。

菲利普·莱纳德于 1900 年发现紫外线会促使气体发生电离作用。由于该效应广泛发生于几厘米宽区域的空气，并且制造出很多大颗的正离子与小颗的负离子，因此该现象很自然地被诠释为在气体中的粒子发生了光电效应，汤姆逊就是这么认为的。1902 年，莱纳德又发布了几个关于光电效应的重要实验结果。以下我们先总结一下物理学家发现的光电效应实验现象和规律。

一、光电效应的实验装置和实验规律

在光的照射下，金属或其化合物发射电子的现象称为光电效应，发射出的电子称为光电子。研究光电效应的实验装置如图 2-28 所示，金属阴极 K 和阳极 A 装在抽成真空的玻璃泡内，当适当频率的光从石英窗口射入，并照在阴极 K 上时，便有光电子从其表面逸出，经电场加速后，被阳极 A 所收集，形成光电流。改变阳极和阴极间的电势差 $U = V_A - V_K$，测量光电流，可以得到光电效应的伏安特性曲线，如图 2-29 所示。

光电效应的实验规律总结如下。

（1）饱和光电流强度 i_m 与照射光的光强 I 成正比。

如图 2-29 所示，光电流开始时随电势差 U 的增大而增大，最后趋于一个饱和

值 i_m；改变光强 I，i_m 也随之改变。实验证明 i_m 与光强成正比。因为 i_m 与饱和状态下单位时间内从阴极 K 射出的光电子数成正比，所以这一实验规律也表明，单位时间内从阴极发射的光电子数 N 与光强成正比。

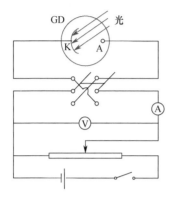
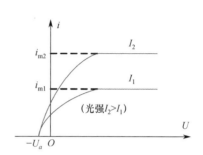

图 2-28　研究光电效应的实验装置示意图　　图 2-29　不同照射光下光电流与电势差的关系

（2）对于一定的金属阴极存在一个截止频率。

实验表明，对于给定的金属材料，当照射光频率 ν 小于某个频率 ν_0 时，不论光强多大，照射时间多长，都没有光电子射出，这个频率 ν_0 被称为该金属光电效应的截止频率，或红限频率。

（3）光电子的最大初动能与照射光频率呈线性关系，与照射光的强度无关。

在保持照射光强度不变的情况下，改变电势差 U，发现当 U 等于零时，仍有光电流。这显然是因为光电子逸出时具有一定的初动能。要使光电流为零，必须将电压 U 反向增大到一定值，此时反向电压的绝对值被称为遏止电压，用 U_a 表示。如果用 ν_m 表示光电子逸出金属表面时的最大速率，而通过反向电压 U_a 到达阳极时，光电子的速率减为零，则应有

$$\frac{1}{2}mv_m^2 = eU_a \tag{2-23}$$

式中，m 是电子的质量，e 是电子电量。

实验表明，遏止电压 U_a 与光强无关，与照射光的频率 ν 呈线性关系，如图 2-30 所示。可以看出，对于不同的金属，都有

$$U_a = K(\nu - \nu_0) \qquad (\nu \geqslant \nu_0) \tag{2-24}$$

斜率 K 是一个与材料性质无关的普适常量，ν_0 是金属的红限频率。

由式（2-23）和式（2-24）可知，光电子的最大初动能与入射光的频率 ν 呈线性关系。

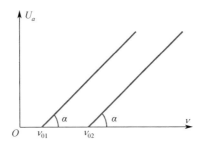

图 2-30　遏止电压与照射光的频率呈线性关系

（4）光照到金属表面上，光电子是立即发射的，中间时间不超过 10^{-9} s。

二、解释光电效应实验规律时经典理论遇到的困难

根据光的经典电磁理论，电子在光波的作用下做受迫振动。光强大，光振动振幅大，能量大，电子被吸收后克服内部束缚逸出，数目多，光电流大。似乎可以勉强解释第一条实验规律。但是光强大，光振动振幅大，能量大，光电子初动能大，光强达到一定程度时，能量足够大，总有电子逸出，应与频率无关，更不存在截止频率。经过一定强度的光在一段时间内的照射后，电子总可以具有足够的能量逸出金属，不存在截止频率。这与上述的第二条、第三条实验规律均有强烈的矛盾。而且，光波的能量是分布在波面上的，电子积累能量需要一段时间，长达几秒，甚至几十分钟。

例如，波长为 400 nm、强度为 10^{-2} W 的光束照射钾金属表面，钾的逸出功为 2.22 eV，设原子半径 $r = 10^{-10}$ m。按照经典理论，在时间 t 内，照射在一个原子上的总能量 $E = I(\pi r^2)t$。令 $E = A$，得到

$$t = \frac{A}{I(\pi r^2)} = \frac{2.22 \times 1.6 \times 10^{-19}}{10^{-2} \times 3.14 \times 10^{-20}} = 1.13 \times 10^3 \, \text{s} = 18.8 \, \text{min}$$

因此，按照经典理论，光照到钾金属表面 18.8 min 后才有光电子逸出，也就是说光电效应不是瞬时发生的，这与实验结果也不符。

显然，经典电磁理论与上述实验结果不符。经典物理再次陷入矛盾的境地，只有新的理论出现，才能完美解释这一现象。

三、爱因斯坦光量子假设以及对光电效应实验的解释

在普朗克能量子假设解释了黑体辐射现象以后，年轻的爱因斯坦首先注意到它有可能解决经典物理学所遇到的其他困难。为了解释光电效应的实验规律，

1905 年，爱因斯坦在《关于光的产生和转换的一个有启发性的观点》一文中提出了光量子的概念。他假定：从一个点光源发出光线的能量并不是连续地分布在逐渐扩大的空间范围内的，而是由有限个数的能量子组成的，这些能量子个个都只占据空间的一些点，运动时不分裂，只能以完整的单元产生或被吸收。爱因斯坦提到的能量子就是光量子。

爱因斯坦认为，辐射场由光量子组成，每一个光量子的能量 E 与辐射频率 ν 的关系为

$$E = h\nu \qquad (2\text{-}25)$$

其中，h 是普朗克常量。爱因斯坦根据他在同年提出的相对论中所给出的光的动量和能量之间的关系式 $p = E/c$，提出光量子的动量 p 与辐射波长 λ 之间有如下关系：

$$p = \frac{h}{\lambda} \qquad (2\text{-}26)$$

通常，把上面两式称为普朗克-爱因斯坦关系式。

提出光量子的概念后，在光电效应中出现的疑难立即迎刃而解。当光照射到金属表面时，一个光量子的能量可以立刻被金属中的电子吸收。但只有当入射光的频率足够高，即每个光量子的能量足够大时，电子才有可能克服金属对它的束缚而逃逸出金属表面，所以逸出电子的最大初动能为

$$\frac{1}{2}mv_{\mathrm{m}}^2 = h\nu - A \qquad (2\text{-}27)$$

式中，A 为金属对电子束缚的能量，称为金属的逸出功。式（2-27）称为爱因斯坦方程。

可见，当 $\nu < \nu_0 = A/h$ 时，电子的能量不足以克服金属的逸出功而从金属中逸出，因而不发生光电效应。由式（2-27）还可以看出，光电子的最大初动能只依赖于照射光的频率，而不依赖于照射光的强度。照射光的强度取决于单位时间内通过垂直于光传播方向的单位面积的光量子数，它只影响饱和电流的大小。光量子与电子相碰后，电子立即获得能量，只要 $\nu > \nu_0$，就能从金属表面逸出，所以光电效应是瞬时效应。

利用式（2-23）和式（2-27）可以改写成

$$eU_a = h\nu - A$$

由于 $A = h\nu_0$，所以

$$U_a = \frac{h}{e}\nu - \frac{A}{e} = \frac{h}{e}(\nu - \nu_0) \tag{2-28}$$

即 U_a 与 ν 呈线性关系，斜率 $K = h/e$。1916 年，密立根用此法测出 $h = 6.57 \times 10^{-34}$ J·s。这是个阴差阳错的小故事，密立根原本是想利用实验来证实光量子图像是错误的，然而经过多次反复的实验后，他却发现，自己已经在很大程度上证实了爱因斯坦方程的正确性。

表 2-1 给出了几种金属的逸出功、截止频率与波长。

表 2-1　金属的逸出功、截止频率与波长

金　属	逸出功 A/eV	截止频率与波长		波段
		ν_0 /(10^{14} Hz)	λ_0 / nm	
铯 Cs	1.94	4.69	639	红
铷 Rb	2.13	5.15	582	黄
钾 K	2.25	5.44	551	绿
钠 Na	2.29	5.53	541	绿
钙 Ca	3.20	7.73	387	近紫外
铍 Be	3.90	9.40	319	近紫外
汞 Hg	4.53	10.95	273	远紫外
金 Au	4.80	11.60	258	远紫外

由于爱因斯坦在光电效应方面的突出贡献，因此他获得了 1921 年诺贝尔物理学奖。

1906 年，爱因斯坦进一步把能量不连续的概念应用于固体中原子的振动，成功解决了当温度趋于绝对零度时固体比热趋于零的现象。至此，普朗克提出的能量不连续的概念才引起物理学家们的普遍重视。现在的"光子"一词，是 1926 年由刘易斯提出来的。

四、实验的伟大意义

光电效应揭示了光的粒子性，而光的波动性早已由干涉、衍射和偏振等实验所证实。那么，光到底是什么呢？近代关于光的本性的认识是：光既有波动性，又有粒子性。在有些情况下，光突出地显示其波动性，如干涉、衍射、偏振等；有些情况下，又突出显示出粒子性，如光与物质的碰撞等。光的这种本性被称为波粒二象性。光既不是经典意义上的"单纯的"波，也不是经典意义上的"单纯的"粒子。

与光的波动性相关的公式除了式（2-25）和式（2-26），还有光子的质量公式：

$$m = \frac{E}{c^2} = \frac{h\nu}{c^2} = \frac{h}{\lambda c} \qquad\qquad (2\text{-}29)$$

因为真空中光子的速度始终为 c，由爱因斯坦的质速关系 $m = \dfrac{m_0}{\sqrt{1 - v^2/c^2}}$ 可知，光子的静止质量一定为 0。

这些公式的左侧是描述光的粒子性的量，右侧是描述光的波动性的量。显然，光的粒子性和波动性是通过普朗克常量联系在一起的。因此，爱因斯坦通过光电效应方程和对光电效应实验结果的完美解答，揭示了光的本性——"波粒二象性"，结束了长达两百年的有关光的本性的纷争，让人们对光的认知达到新的水平。

光电效应只是开启量子革命的原因之一，依照对比的思路得到的德布罗意物质波理论随即问世，紧接着玻尔的氢原子理论描绘出原子的壳层结构，解释了氢原子光谱规律，以及提出了泡利不相容原理等，使得量子概念以十足的冲劲登上物理舞台，"春雨足，染就一溪新绿"，这"一溪新绿"使人欢愉，经典理论不断被突破，量子理论的发展势不可当。

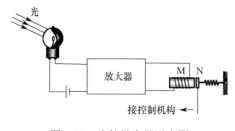

图 2-31　光控继电器示意图

从实际应用来讲，以光电效应为原理，用光电管制成的光控继电器，可以用于自动控制，如自动计数、自动报警、自动跟踪等。如图 2-31 所示，它的工作原理是：当光照在光电管上时，光电管电路中产生光电流，经过放大器放大，电磁铁 M 被磁化，从而把衔铁 N 吸住。当光电管上没有光照时，光电管电路中没有电流，电磁铁 M 就把衔铁 N 放开。将衔铁和控制机构相连接，就可以进行自动控制。利用光电效应还可测量一些转动物体的转速。

光电光度计也是利用光电管制成的。它是利用光电流与入射光强度成正比的原理，通过测量光电流来测定入射光强度的。有些曝光表就是一种光电光度计。

利用光电效应可以制作光电成像器件，能将物体可见或不可见的辐射图像转换或增强为可观察、传输、储存的图像。如用于夜视的红外变像管，能把红外辐射图像转换为可见光图像；有的增强器能把夜间微弱灯光照明下目标的反射辐射增强为高亮度图像。

光电倍增管是一种能将微弱的光信号转换成可测电信号的光电转换器件。原理如图 2-32 所示，一个光子到达阴极，逸出一个光电子，受到第一个倍增电极和阴极之间的 300V 电势差加速，高速撞击到第一个倍增电极上，产生多个电子，这些电子被称为二次电子。二次电子被电场加速，撞击到第二个倍增电极上，产生更多电子。经过多个这样的过程，会有数目非常多的电子到达阳极，形成电流脉冲，因此光电倍增管有较高的灵敏度，可以测量微弱的光信号。

现代生活离不开 CCD 电荷耦合器件（数码影像），如图 2-33 所示。CCD 是典型的固体图像传感器，主要功能是将其表面接收到的光强信号转化为电信号，图像和采集采用光学镜头，将其投影到 CCD 的表面，CCD 将其转化成为数字信号。

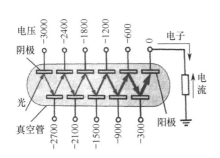
图 2-32　光电倍增管工作原理

图 2-33　CCD 电荷耦合器件

CCD 是一种半导体集成器件，上面有许多细小的半导体结构，为方便理解，将其简称为电容。它们排列整齐，能感应光线，可以利用光电效应将影像转变为数字信号，这个小的半导体就是光敏元，通俗讲就是像素元。相邻两光敏元距离 13～16 μm，每个小电容都能在外部电路的控制下将所带电荷转给相邻的电容。

在 N 型或者 P 型硅衬底上生长一层很薄的 SiO_2，再在 SiO_2 薄层上依次沉积金属电极，这种规则排列的集成电路中绝缘性场效应管 MOS 电容阵列再加上两端输入和输出二极管就构成了 CCD 芯片。CCD 由 MOS 光敏元、移位寄存器、电荷转移栅等部分组成，CCD 把光信号转化成电脉冲信号，每一个脉冲只反映一个光敏元的受光情况。脉冲幅度的高低反映光敏元受光的强弱，输出脉冲的顺序可以反映光敏元的位置。

CCD 的结构分成三层，分别是微型镜头、分色滤色片、汇流感光层。微型镜头是在每一个光敏元上装置微小镜片，从而提高感光面积、保证图像质量。分色滤色片帮助 CCD 具有色彩识别能力，使 CCD 仅能够通过特定波长的光，实现不同光线成分的分开感应，从而在最后的影像处理器中还原回原始色彩。汇流感光层是将光信号转换成电信号，并将信号传送到影像处理芯片，将影像还原。

毫无疑问，经历过胶片时代的我们，能深深体会数码带来的方便与快捷，因此这项理论与技术的结合获得了 2009 年的诺贝尔物理学奖。正如颁奖词中所说，这个小小的类似三明治结构的器件，使先前看不见的物体成像成为可能，它为我们提供了遥远的宇宙深空和海底深处的清晰图像。CCD 的问世使我们的日常生活方便、快捷，CCD 还可应用于天文观测装置和太空望远镜中，军事上的导航、跟踪、侦察等也离不开 CCD 数码摄像技术，医用小型摄像头使用 CCD，实现胃镜、肠镜等的检查，极大地提高了成像清晰度，减轻了病人的痛苦。

第八节　弗兰克-赫兹实验

1914 年，物理学家弗兰克（Franck，1882—1964 年，如图 2-34（a）所示）和赫兹（Hertz，1887—1975 年，不是验证电磁波实验的赫兹，如图 2-34（b）所示）在研究中发现电子与原子发生非弹性碰撞时能量的转移是量子化的。他们的精确测定表明，电子与汞原子碰撞时，电子损失的能量严格地保持在 4.9eV，即汞原子只接收 4.9eV 的能量。由于他们的工作对原子物理学的发展起到了重要作用，因而共同获得 1925 年的诺贝尔物理学奖。

(a) 弗兰克　　　　　　　　　(b) 赫兹

图 2-34　弗兰克和赫兹

一、玻尔氢原子理论

前文我们讲过，卢瑟福提出了原子的有核模型：原子并不是一团糊状物质，而是大部分物质集中在一个中心的小核上，称之为核子，电子在它周围环绕。虽然卢瑟福的原子核式模型是实验的结果，但它与经典电磁理论却有着尖锐的矛盾。如图 2-35 所示，按照经典电磁理论，电子绕核做加速运动时要辐射电磁波，电磁波的频率就是电子绕核旋转的速率。由于辐射电磁波，电子的能量不断减少，转动频率不断改变，辐射电磁波的光谱是连续的，并且电子最终要塌缩到原子核上。这个结果显然与原子的线状光谱和原子非常稳定的事实相违背。所以经典电磁理论、原子核式模型和线状光谱之间存在着尖锐的矛盾。但三者都是经过实践检验的，那么问题出在什么地方呢？问题出在经典电磁理论上，它对宏观物体成立，却不适用于微观粒子。

针对这些矛盾，许多物理学家都在寻求解决问题的方法。当时正随卢瑟福做研究工作的玻尔（如图 2-36 所示）首先承认原子核式模型、线状光谱和原子稳定的事实，并借助普朗克、爱因斯坦的量子理论，在 1913 年提出了氢原子的量子理论。其核心思想是两个基本假设和一个条件。

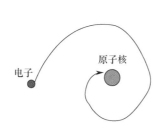

图 2-35　经典理论电子塌缩示意图　　　　图 2-36　玻尔

1. 定态假设

原子系统具有一系列不连续的定态，处在定态中的电子虽然做绕核的轨道运动，但不辐射电磁波，因此具有确定的能量 $E_1, E_2, E_3, \cdots$，角码 $1, 2, 3, \cdots$ 称为量子数（玻尔给电子建立了一系列"空间站"）。

2. 跃迁假设

原子系统可以由一个定态跃迁到另一个定态。从高能态向低能态跃迁时，放出一个光子；从低能态向高能态跃迁时，吸收一个光子。吸收或放出光子的能量

等于两个定态的能量之差，即

$$h\nu = \left| E_n - E_k \right| \qquad (2\text{-}30)$$

我们把波长的倒数称为波数，即

$$\tilde{\nu} = \frac{1}{\lambda} = \left| \frac{E_n}{hc} - \frac{E_k}{hc} \right| \qquad (2\text{-}31)$$

3．量子化条件

电子在第 n 个能态上运动时对核的轨道角动量满足

$$L_n = r_n m v_n = n\hbar \qquad (2\text{-}32)$$

式中，r_n 和 v_n 分别为电子绕核运动时的半径和速率，m 为电子的质量，$\hbar = \dfrac{h}{2\pi} = 1.055 \times 10^{-34} \text{ J·s}$ 称为约化的普朗克常量。

玻尔根据上述假设推出了氢原子在定态下的轨道半径和能量。具体过程如下。

氢原子中的电子绕核做圆周运动，其向心力就是原子核对它的库仑力，即

$$\frac{e^2}{4\pi\varepsilon_0 r_n^2} = m\frac{v_n^2}{r_n} \qquad (2\text{-}33)$$

联立式（2-32）和式（2-33），解得

$$r_n = \frac{\varepsilon_0 h^2}{\pi m e^2} n^2 \qquad (2\text{-}34)$$

$$v_n = \frac{e^2}{2\varepsilon_0 h} \cdot \frac{1}{n} \qquad (2\text{-}35)$$

式（2-34）和式（2-35）分别表示电子在第 n 个能态上做轨道运动的半径和速率。当 $n=1$ 时，$r_1 = 0.529 \times 10^{-10}$ m，是氢原子的基态轨道半径，称为玻尔半径，其数值与用其他方法得到的数值符合得很好。$v_1 = 2.19 \times 10^6$ m/s，是氢原子中基态电子的运动速率。

电子绕核旋转的总能量为动能和电势能之和，即

$$E_n = \frac{1}{2}mv_n^2 - \frac{e^2}{4\pi\varepsilon_0 r_n}$$

则

$$E_n = -\frac{me^4}{8\varepsilon_0^2 h^2} \cdot \frac{1}{n^2} \qquad (2\text{-}36)$$

即氢原子定态能量公式。当 $n=1$ 时，$E_1 = -13.6 \text{ eV}$，是氢原子的基态能量。

$$\tilde{\nu} = \frac{1}{\lambda} = \frac{E_n}{hc} - \frac{E_k}{hc} = \frac{me^4}{8\varepsilon_0^2 h^3 c}\left(\frac{1}{k^2} - \frac{1}{n^2}\right) = R_H\left(\frac{1}{k^2} - \frac{1}{n^2}\right)$$

式中，$R_H = \dfrac{me^4}{8\varepsilon_0^2 h^3 c} = 1.0973731 \times 10^7\,\mathrm{m}^{-1}$。如果考虑到原子核的运动，修正值

$R_H = 1.0967751 \times 10^7\,\mathrm{m}^{-1}$，与实验结果 $R_H = 1.0967758 \times 10^7\,\mathrm{m}^{-1}$ 符合得相当好。

当 k 一定时，n 可以取大于 k 的一系列值，每个高能级都可以跃迁到 k 能级，得到一个谱线系。当 $n = \infty$ 时，谱线系有个极限波长（频率），氢原子状态跃迁示意图和氢原子状态跃迁能级图分别如图 2-37 和图 2-38 所示。

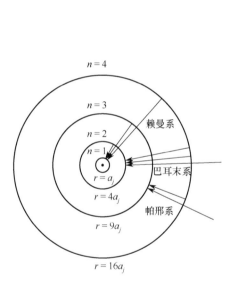

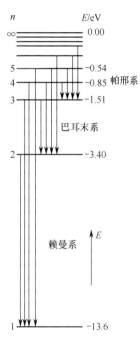

图 2-37　氢原子状态跃迁示意图　　　图 2-38　氢原子状态跃迁能级图

玻尔的氢原子理论在解释氢光谱方面取得了极大的成功，无论是线状分立的光谱线，光谱线的波长、频率满足的规律，还是光谱线系等都能圆满解释。

按照玻尔理论，原子的能级是不连续的。我们考虑电子与原子的碰撞过程，如果电子能量较小，碰撞时不足以让原子从能量较低的状态跃迁到能量较高的状态，则碰撞后原子的能量不会发生变化，电子能量也几乎保持不变，即二者的碰撞是完全弹性碰撞（这是因为电子质量比原子质量小得多，在碰撞前后速率几乎不变）；当电子的能量增大到一定值时，会使原子由能量较低的状态跃迁到能量较高的状态，此时发生的是非弹性碰撞，碰撞后原子吸收的能量等于电子损失的能量。

二、弗兰克–赫兹实验过程

为了证实非弹性碰撞的存在，1914 年，弗兰克和赫兹完成了著名的弗兰克–赫兹实验，实验装置如图 2-39 所示。在充有汞蒸气的封闭管 AB 中，电子由阴极 K 发出，阴极 K 和栅极 G 之间的加速电压 V 使电子加速。在栅极 G 和板极 P 之间加反向电压 V_1 以缓冲电子的运动。如果电子通过加速电场具有较大的能量（$\geqslant eV_1$）就能冲过反向电场而达到板极 P 形成电流，被检流计 A 检测出来；如果电子通过加速电场时与汞原子碰撞，部分能量给了汞原子使其激发，那么本身所剩能量太小，通过栅极后就不能克服反向电场的阻碍，无法到达 P。当发生这种碰撞的电子很多时，检流计中的电流就会明显降低。

图 2-40 为电流 I 随加速电压 V 变化的实验曲线。下面对实验结果进行分析。

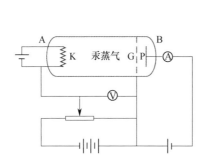

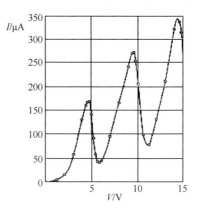

图 2-39　弗兰克–赫兹实验装置示意图　　图 2-40　电流随加速电压变化的实验曲线

当电压 V 从 0 逐渐增加时，起初电流 I 急速增加，说明达到极板 P 的电子数快速增加，原因是这一阶段电子的能量没有达到汞原子的第一激发电位对应的能量，电子与原子发生完全弹性碰撞，电子能量没有损失，可以顺利通过反向电场达到板极 P。当电子能量达到汞原子第一激发电位对应的能量时，电子与原子之间将发生非弹性碰撞。在碰撞过程中，电子的能量传递给原子。假设这种碰撞发生在栅极附近，那些因碰撞而损失了能量的电子在穿过栅极后无力克服反向电场的阻碍而到不了板极 P，这时电流开始下降。随着加速电压的进一步增加，电子与原子的非弹性碰撞区域将向阴极方向移动。经碰撞损失能量的电子在奔向栅极的过程中又得到加速，以致在穿过栅极之后有足够的能量来克服反向电场的阻碍而达到板极 P，此时，电流又将随加速电压的增加而增加。若这个增加使电子在到达栅极前的能量又达到汞原子第一激发电位对应的能量，电子与原子将再次发生非弹性碰撞，电子的能量又一次下降。在加速电压较高的情况下，电子在运动的过程中将与原子发生多次非弹性碰撞。被电子激发的原子并不稳定，会重新回到低能量状态而发光。

由曲线测出，汞原子第一激发电位 $V_0 = 4.9\,\mathrm{V}$。

实验还测得汞蒸气发出波长为 $\lambda = 253.7\,\mathrm{nm}$ 的谱线，相应光子的能量为

$$h\nu = h\frac{c}{\lambda} = 6.63 \times 10^{-34} \times \frac{3 \times 10^8}{253.7 \times 10^{-9}}\,\mathrm{J} = 7.84 \times 10^{-19}\,\mathrm{J} = 4.9\,\mathrm{eV}$$

显然，原子受激发后，发射出的光子的能量恰好等于电子与原子碰撞时电子传给原子的能量。

弗兰克-赫兹实验直接证实了汞原子具有玻尔所设想的那种"完全确定的、互相分立的能量状态"，是玻尔的原子量子化模型的第一个决定性证据。

三、实验的伟大意义

弗兰克和赫兹采取慢电子（几个到几十个电子伏特）与稀薄气体原子碰撞的方法，测定了汞原子的第一激发电位，证明了原子内部量子化能级的存在，给玻尔理论提供了独立于光谱研究方法的直接实验证据。后来他们又观测了实验中被激发的原子回到正常态时辐射的光，测出辐射光的频率与玻尔假设中的频率定则非常吻合。当时他们测定的是汞原子的第一激发电位，1920 年，弗兰克和爱因西彭（Einsporn）进一步对仪器进行改进，测量了原子较高的各激发态电位。这使玻尔原子结构的量子理论证明更加完善。因此，玻尔提早三年，于 1922 年获得诺贝尔物理学奖。

弗兰克-赫兹的实验验证，不仅证明了玻尔的原子分立的能级状态，也是首个验证能量量子化的实验，量子不再是人们头脑里面的想象，也不再是物理学家笔尖上的计算与分析，而是实实在在的实验验证的结果。只有经过了实验的验证，理论的概念才能更加广泛深入。玻尔关于"定态"和"能级跃迁决定谱线频率"的假设是两个重要的基本概念，在量子力学理论领域被接受和认可，并逐渐开始下一步的研究，在量子力学的发展中占有重要的地位。

但玻尔的理论是有缺陷的，首先它对稍复杂的原子光谱，进行定性、定量分析都不能解释；其次即使是对氢原子，除分立的谱线和规律外，在对谱线的强

度、宽度、偏振等问题的分析上也遇到困难，难以自圆其说。后续物理学家们普遍认为，玻尔理论的出发点是经典力学，但又加上了一些与经典理论不相容的量子化条件来限定稳定状态，这些条件不能从经典理论中得到相应解释，因此理论内部就存在矛盾，是一种不自洽的理论，这体现了理论本身的局限性。

但无论如何，玻尔的理论都是开创性的。玻尔在丹麦的哥本哈根建立了玻尔研究所，自由的学术气氛和进取的学术精神吸引了大批优秀的物理学家前来学习和研究，成为物理学家们眼中的圣地。玻尔和哥廷根大学的玻恩一起创立了"哥本哈根（也称哥廷根）学派"，主导了 20 世纪量子理论的研究，深远影响着量子力学的未来以及人们认识世界，尤其是微观世界的世界观和探索微观世界的思维方式。

弗兰克-赫兹实验至今仍是探索原子结构的重要手段之一，实验中用"拒斥电压"筛去小能量电子的方法，被广泛应用于各类实验。

第九节　斯忒恩-盖拉赫实验

斯忒恩（Stern，1888—1969 年，如图 2-41（a）所示），德裔美国核物理学家、著名实验物理学家。斯忒恩发展了核物理研究中的分子束方法，并发现了质子磁矩，因为斯忒恩-盖拉赫实验的重要结果，斯忒恩获得了 1943 年的诺贝尔物理学奖。盖拉赫（Gerlach，1889—1979 年，如图 2-41（b）所示），德国物理学家，于 1921 年与斯忒恩通过斯忒恩-盖拉赫实验共同发现原子在磁场中取向量子化的现象。

(a) 斯忒恩　　　　　(b) 盖拉赫

图 2-41　斯忒恩和盖拉赫

一、斯忒恩-盖拉赫实验的历史背景

前文我们讲过玻尔的氢原子模型，玻尔提出，不仅能量是量子化的，角动量也是量子化的。但是角动量本身是矢量，定义为

$$\vec{L} = \vec{r} \times m\vec{v}$$

因此，角动量不仅大小是量子化的，方向也是量子化的，称为空间量子化。空间量子化最初是索末菲为了解释玻尔理论而提出的假设。在玻尔-索末菲模型中，为了很好解释塞曼效应和斯塔克效应，我们必须假定电子的轨道平面具有特定的角度，其法线要么平行于磁场，要么与磁场垂直。但是这个假设需要得到实验的证实。1921 年，斯忒恩和盖拉赫首先对角动量的空间量子化进行了实验观察，以期得到角动量空间量子化的结果。

二、斯忒恩-盖拉赫实验过程

实验装置如图 2-42 所示。图中 K 为原子射线源，当时所用的是银原子。B 为狭缝，N 和 S 为产生不均匀磁场的电磁铁的两极，P 为照相底板。全部仪器安装在高真空装置中。

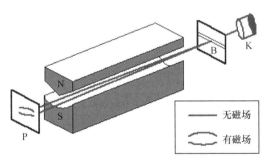

图 2-42 斯忒恩-盖拉赫实验装置图

实验原理是具有磁矩的磁体在不均匀磁场中的运动将因受到磁力而发生偏转（在均匀磁场中受力为零），偏转的方向和大小与磁矩在磁场中的指向有关。如前所述，电子在原子内的运动使原子具有一定的磁矩，因此，从射线源发射的原子束经过不均匀磁场时，将受到磁力的作用而偏转。如果原子具有磁矩而没有空间量子化，即磁矩的指向是任意的，则在 P 上应是连成一片的原子沉积。如果原子具有磁矩而且是空间量子化的，则在 P 上应是成条状的原子沉积，从而证明原子的空间量子化及相应的角动量量子化。

斯忒恩-盖拉赫实验结果确实得到了成条状的原子沉积，但结果也有令人费解之处，即银原子只分解成两条上、下对称的原子沉积。

按当时已知的角动量量子化的规律，当电子的轨道角动量量子数（副量子数）为l时，它的空间取向应有 $2l+1$ 种可能，结果应有奇数条原子沉积，而银原子沉积只有两条。许多人做了该实验，结果相同。而且研究纳光的精细结构表明：纳光不是波长为589.3nm 的一条谱线，而是波长分别为589.0nm 和 589.6nm 的两条谱线。

三、电子自旋

为解释这个结果，1925 年乌伦贝克和哥德斯密特提出：电子除了有轨道运动，还有自旋运动，对应有自旋角动量和自旋磁矩。他们假定电子的自旋磁矩只有与磁场方向相同和相反两个指向，因此银原子射线分成了两条。

与电子轨道角动量相似，电子的自旋角动量的大小 S 和它在外磁场方向的投影 S_z 可以用自旋量子数 s 和自旋磁量子数 m_s 表示为

$$S = \sqrt{s(s+1)}\hbar \qquad (2\text{-}37)$$

$$S_z = m_s \hbar \qquad (2\text{-}38)$$

当 s 一定时，m_s 称为自旋磁量子数，有 $2s+1$ 个值。由实验可知，m_s 只有两个值，所以 $2s+1=2$ ，得

$$s = \frac{1}{2}$$
$$m_s = \pm\frac{1}{2} \qquad (2\text{-}39)$$

因此，电子自旋角动量为 $S = \frac{\sqrt{3}}{2}\hbar$ ，它在外磁场方向的投影 $S_z = \pm\frac{1}{2}\hbar$ 。

上述银原子处于基态，47 号元素，最外层是 $5s^1$，此时 $l=0$，$m_l=0$，即轨道的角动量和轨道磁矩都等于零的状态，因而经过不均匀磁场后，自旋磁矩的两种取向使原子分成两束沉淀。

引入电子自旋后，碱金属原子光谱的双线结构（如钠光的589.0nm 和589.6nm 两条谱线）等现象得到了很好的解释。必须注意，电子自旋不是表明电子在绕自身轴线旋转，只是表征电子运动的一个新的自由度，它和电子的电量及质量一样，是一种电子"内禀"（固有）的性质。

理论和实验都表明，一切微观粒子都有各自特定的自旋，自旋是一个非常重要的概念。

四、实验的伟大意义

总结前面结果，关于原子中各个电子的运动状态，量子力学给出的一般结论是：电子的运动状态由 4 个量子数决定。

（1）主量子数 n：$n=1,2,3,\cdots$，它大体上决定原子中电子的能量。

（2）副量子数 l：$l=0,1,2,\cdots,n-1$，它决定电子绕核运动的角动量的大小。一般来说，处于同一主量子数 n、不同副量子数 l 的状态中的各个电子，其能量也稍有不同。

（3）磁量子数 m_l：$m_l=0,\pm1,\pm2,\cdots,\pm l$，它决定电子绕核运动（轨道运动）的角动量在外磁场中的指向。

（4）自旋磁量子数 m_s：$m_s=\pm\dfrac{1}{2}$，它决定电子自旋角动量在外磁场中的指向，也影响原子在外磁场中的能量。

根据玻尔模型，人们不久就发现，一个原子的化学性质主要取决于它最外层的电子数量，并由此表现出有规律的周期性，这为周期表的确定提供了很好的理论依据。

人们也因此非常疑惑，对于拥有众多电子的重元素来说，为什么它的电子能长期占据外层的电子轨道，而不会失去能量落到靠近原子核的低层轨道上去呢？

图 2-43 泡利

泡利（Pauli，1900—1958 年，如图 2-43 所示），物理学家。在仔细分析了原子光谱和其他实验事实后，泡利提出在一个原子中不可能有两个或两个以上的电子处于相同的状态，即它们不可能有完全相同的四个量子数。这个原理称为泡利不相容原理。例如，基态氦原子的两个电子都处于 $n=1$ 的状态，因此 $l=0$，$m_l=0$，那么它们的 m_s 必定不同，分别为 $1/2$ 和 $-1/2$。

当 n 给定时，l 的可能取值有 n 个；当 l 一定时，m_l 的可能取值有 $2l+1$ 个；当 n、l、m_l 都给定时，m_s 的取值有 2 个。根据泡利不相容原理，原子中具有相同的主量子数 n 的电子数目最多是

$$Z_n=\sum_{l=0}^{n-1}2(2l+1)=2(1+3+5+\cdots+2n-1)=2n^2 \qquad （2\text{-}40）$$

1916 年，柯赛尔提出了原子的壳层结构。n 相同的电子组成一个壳层，对应

$n = 1,2,3,4,5,6,\cdots$ 状态的壳层分别用字母 K, L, M, N, O, P, $\cdots$ 表示; l 相同的电子组成支壳层或分壳层, 对应 $l = 0,1,2,3,4,5,\cdots$ 状态的分壳层分别用字母 s, p, d, f, g, $\cdots$ 表示。例如, 表 2-2 表示原子中当 $n = 1,2$ 时对应电子的状态。

表 2-2　原子中当 $n = 1,2$ 时对应电子的状态

n		l	m_l	m_s	表示方法
1	K	0	0	$\pm 1/2$	$1s^2$
2	L	0	0	$\pm 1/2$	$2s^2$
		1	0	$\pm 1/2$	$2p^6$
			1	$\pm 1/2$	
			-1	$\pm 1/2$	

当原子系统处于正常状态时, 其中每个电子都要尽可能占据最低能级。能级基本上决定于主量子数 n, n 越小, 能量越低。电子一般按能量从低到高的次序填入各能级。但由于能级还和副量子数 l 有关, 所以在有些情况下, 当 n 较小的壳层尚未填满时, 在 n 较大的壳层上就开始有电子填入了。一般情况下, 针对原子的外层电子, 能量的高低由 $n + 0.7l$ 确定, $n + 0.7l$ 越大, 能量越高。如 $4s$ 状态的能量就低于 $3d$ 状态, 所以 $4s$ 状态比 $3d$ 状态先填入电子。

按量子力学求得的各元素原子中电子排列的顺序, 已在元素周期表中得到证实。每当电子填入一个新的壳层时, 就开始一个新的周期。原子的壳层结构非常完美地揭示了原子的周期性。

电子自旋是量子力学的重要发现之一, 也是微观基本粒子的根本属性。薛定谔在研究电子的运动时没有考虑电子自旋, 其相对论形式的方程失败了, 而英国物理学家狄拉克 (如图 2-44 所示) 考虑了电子自旋, 用相对论形式建立狄拉克方程, 获得了成功。

图 2-44　物理学家狄拉克和墓碑上的狄拉克方程

狄拉克方程如下：

$$(pc\alpha + mc^2\beta)\Psi = E\Psi \tag{2-41}$$

p 为动量，c 为光速，m 为电子质量，E 为能量，Ψ 为波函数，α、β 是狄拉克引进的新概念。这个方程的意义是：指出电子有自旋，而且自旋角动量是 $\frac{1}{2}$，而非整数。

狄拉克方程对仗工整、形式优美，但是方程成立就必须有一项前所未有的特性，称为"负能"。狄拉克不舍得破坏方程的整体性与优美性，1931 年又大胆提出了反粒子理论来解释负能现象。1932 年，安德森发现了电子的反粒子，大家认识到反粒子理论是物理学的又一个里程碑。物理学家杨振宁更是用"性灵出万象，风骨超常论"来形容狄拉克风格和他的方程与反粒子理论。

斯忒恩-盖拉赫实验看起来是一个歪打正着的实验，然而实验的巧妙设计与精密过程保证了准确的结果，再加上物理学家们对实验事实的充分尊重，这个伟大实验才有了正确的解释，从而使理论进步。可以看出，在实验物理学家的精心设计与一丝不苟的科学实验过程中，微观世界的真相也被一层层揭开。

物理学家丁肇中说过：实验物理与理论物理密切相关，搞实验没有理论不行，但只停留于理论而不去实验，科学是不会前进的。物理实验的过程是十分艰辛的，如同宋代诗人王安石《题张司业诗》中的诗句：看似寻常最奇崛，成如容易却艰辛。物理学发展到今天，是"一节复一节，千枝攒万叶"的结果。这里，实验物理学家以不可辩驳的实验结果和实验事实，改变了传统物理学中错误的看法，实现了新的发展。

第三章

Chapter 3 / **头脑里的飓风——思想实验**

扫一扫

观看本章视频

在物理学中有一类特殊的实验：它们不需要昂贵的仪器，只需要有逻辑的大脑；这种实验可以挑战前人的结论，建立新的理论，甚至引发人们对世界的重新认识，这就是思想实验。思想实验是科学理论创造活动中的一种有效方法，以其鲜明的实验本性和奇妙的理性思维特点，一直受到物理学家（尤其是理论物理学家）的青睐。

历史上许多伟大的物理学家，都设计过发人深省的思想实验，如前文讲述的伽利略的自由落体运动实验和斜面实验等；牛顿设计了抛体（大炮）实验、水桶实验；爱因斯坦更是以超强的大脑打造了爱因斯坦电梯、爱因斯坦火车等具有创造性思维的伟大思想实验；量子力学的奠基人之一海森堡设计了"伽马射线显微镜"等，这些思想实验引发了一大批崭新的科学观念，不仅对物理学的发展有重要作用，更是颠覆了人们对世界和宇宙的认识。

在科学史中，思想实验从科学的源头开始，一直发挥着重要的作用。丹麦物理学家奥斯特首先给出"思想实验"这个名词，但在科学史的绝大部分时间里，思想实验一直处于被人们所忽视的境地。16 世纪之前，科学活动中以思想实验为主，物质实验为辅，但在 16 世纪至 20 世纪，物质实验逐渐占据主导地位，思想实验偶有贡献。到了 20 世纪初，有关思想实验的研究才逐渐引起人们的重视，爱因斯坦曾说过：适合于科学幼年时代的以归纳法为主的方法，正在让位给探索性的演绎法。比起对实验工作本身的兴趣，爱因斯坦更钟情于远离直接实验的思想实验，因此爱因斯坦也把它称为"理想实验"。在欧美学术界，对思想实验的研究已经成为科学、哲学界关注的热点之一。有关思想实验的本质问题，是人们争论的焦点。

思想实验包含两个重要的特征：思想和实验。

所谓思想的特征，就是实验是借助于表象和逻辑思维来进行的。在思想实验中，既没有实实在在的实验设备和研究对象，又没有实际操作和实验数据，这些都是由思想以抽象的形式提供的，或者说都是由智慧的大脑想象出来的。

这本身赋予了实验极大的优点，首先，它可以使实验理想化、纯粹化，排除一切自然条件下的干扰因素，使所研究的问题在人为控制的条件下完全纯化，使实验条件和进程理想化，所研究的问题也赤裸裸地暴露出来。其次，它可以不受限制地对任意对象进行实验，借助想象把实验者置身于任何环境中（人所不能到达的宇宙天体、微观物体等），至于在哪里，能观察到什么，获得什么样的结果，则依靠设计者已有的经验、知识、概念体系，以及原本的理论成果等获得，这些是实际实验所不能保证的。

不是所有的思想实验都无法实际进行，随着科学技术的进步和物质生产的发展，过去不能实际进行的思想实验现在也有可能实际进行。

思想实验具有实验的特征和实践的本性，是一种变革研究对象的特殊实践活动。它以客观经验和科学原理为基础，也就是说其"操作"的前提必须是已有的经验、正确的理论、与自然界近似或相同的自然实际存在的情况等，换句话说不是虚构的基础。另外。思想实验也需要实验者、实验工具和实验对象这三个要素，它们是物质的内容。

因此，思想实验是一个抽象思维和形象思维共同作用的过程，一方面把一些观念和想法感性化，赋予实际的操作程序和清晰可感的物质内容或生动形象的实验要素。另一方面，使实际实验情况（实验条件、实验要素等）高度抽象化、理想化。这使得思想实验可以站在物理学革命的最前端，起到了实际实验暂时起不到的作用。从某种程度上讲，思想实验的设计者具有更加智慧的头脑和更加深邃的思想，站在物理学研究领域的最高峰，如同宋代诗人王安石《登飞来峰》中所写：

飞来山上千寻塔，
闻说鸡鸣见日升。
不畏浮云遮望眼，
只缘身在最高层。

本章结合历史上几个著名的思想实验实例，系统阐述了思想实验产生的物理学背景、发现者的思想、思想实验的结论，从而清晰阐明这些思想实验在物理学研究中的独特地位、对物理学理论发展的重要影响，以及它们的重要应用和不可替代性。

第一节　牛顿的抛体实验

　　1666 年，23 岁的牛顿刚刚从英国剑桥大学毕业并留校任教，尽管热衷学术，但不得不返回家乡。在家乡的日子里，牛顿一直为这样的问题困惑：是什么力量驱使月球围绕地球转，地球围绕太阳转？为什么月球不会掉落在地球上？为什么地球不会掉落在太阳上？

　　牛顿在庄园里看到苹果落地，类比地思考这样的问题：苹果会落地，月球为什么不会？当牛顿看小外甥玩小球，手上拿着一根皮筋，皮筋另一端系小球，先慢慢让小球转起来，然后小球越转越快，最后小球径直抛出。牛顿猛地意识到：月球和小球的运动极为相像。有两种力量作用于小球，即向外的推力和皮筋的拉力。同样有两种力量作用于月球，即月球运动的推动力和重力拉力。正是由于重力作用，苹果才会落地。牛顿首次认为：重力不仅仅是行星和恒星间的相互吸引力。深信炼金术的他断言相互吸引力不但适用于硕大的天体之间，而且适用于各种物体之间。那么又应如何解释苹果和月球之间的差异呢？

　　苹果是做自由落体运动的。那么苹果落地的时间是

$$t = \sqrt{\frac{2h}{g}} \tag{3-1}$$

即高度一定，落到地面的时间也一定。

　　牛顿拿起苹果向前抛，如果水平抛，那么苹果落地的时间与初始速度无关，如图 3-1 所示，时间还是

$$t = \sqrt{\frac{2h}{g}}$$

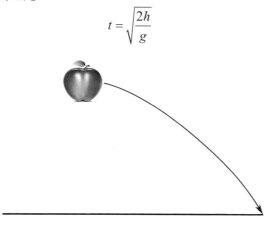

图 3-1　平抛苹果落地的时间与初始速度无关

图 3-2　高速平抛的时间计算图示

牛顿进一步设想，他的力气再大一点，苹果水平速度更快，这样就不得不考虑地球的半径问题了，时间 t 的值就会大一点。牛顿思考的结果是，力气更大了，大到可以把苹果抛到超过地球半径的距离，这时就可以发现，苹果因为有较大的初速度，无法落回地面，可以绕地运行，时间 t 的值变成无限大，如图 3-2 所示。

牛顿考虑地球半径，计算苹果落不下来的初始速度，那么就是第一宇宙速度了，此时重力提供它运动的向心力：

$$mg = m\frac{v^2}{r}$$
$$v^2 = gr \tag{3-2}$$
$$v = \sqrt{gr} = 7.9\mathrm{km/s}$$

苹果运动的速度太快，其实是在做离心运动，做离心运动要有离心力，那么这个力是哪来的呢？这就是万有引力：

$$mg = m\frac{GM}{r^2} = m\frac{v^2}{r} \tag{3-3}$$

牛顿采用因果类比的方法把"天"上的力学和"地"上的力学统一起来，实现了物理学发展史上第一次大综合。

牛顿时代的天文学家和物理学家，都熟知开普勒通过精细的天文观测得到行星运动的三定律，即

定律一：行星绕太阳运动的轨道是一个椭圆，太阳位于椭圆的一个焦点上。

定律二：行星的矢径在单位时间内扫过的面积相等。

定律三：行星绕太阳运动周期的平方，与椭圆轨道半长轴的立方成正比。

$$\frac{R^3}{T^2} = 常数 \tag{3-4}$$

因此

$$m\frac{v^2}{R} = m\frac{(2\pi R)^2}{T^2 R} = m\frac{4\pi^2 R}{T^2} \propto \frac{1}{R^2} \tag{3-5}$$

历史上，牛顿和胡可几乎同时意识到，开普勒第三定律成立，太阳和行星之

间的引力一定与距离的平方成反比。牛顿在出版的《自然哲学的数学原理》一书中，给出了万有引力的思想和完整的表达式：

$$F = G\frac{Mm}{r^2} \tag{3-6}$$

这就是牛顿的抛体实验（后人以大炮发射炮弹做比喻，也称为大炮实验）。我们知道单靠人的力量，或者普通的大炮是无法实现的，这只是头脑里的思想实验，或者是合理的演绎推理，但是，这个思想实验是现代航空航天事业的基础，现代战争武器弹道导弹、洲际导弹等也都是以牛顿辉煌的成就——万有引力定律为基础的。

古人有飞天的梦想，明代的一个官员（称谓是万户），为了实现自己的航天梦想，坐在绑有 47 支火箭的椅子上，手里拿着风筝，飞向天空，如图 3-3 所示。火箭有冲击力，可以给予速度，但应该给予多少速度才能实现呢？没有理论指导，也没有精确的科学计算，万户也为此献出了生命。人们称他为"世界航天第一人"，月球上的一座环形山也以万户的名字命名。

图 3-3　万户飞天的示意图

现代的航空航天技术，利用火箭的喷气推进和运载能力，发射绕地运行卫星、探测太阳系以及飞出太阳系的探测器等，这一切都离不开第一、二、三宇宙速度的计算，牛顿的头脑风暴至今仍盘旋于世界科技之巅。

第二节　牛顿的水桶实验

牛顿力学是讨论物体的运动状态及其改变的理论，描述无法脱离参考系。牛顿定律并不适用于所有的参考系，后人把牛顿定律适用的参考系称为惯性参考系。然而，牛顿力学的理论框架本身并不能明确给出什么是惯性参考系。牛顿完全了解自己理论中的这一薄弱环节，他的解决办法是引入一个客观标准——绝对空间，用于判定各物体是处于静止运动、匀速运动，还是加速运动的状态。

牛顿提出了区分特定物体的绝对运动（相对于绝对空间的运动）和相对运动的判据。譬如，用绳子将两个物体拴在一起，让它们保持在一定距离上，绕共同的质心旋转。从绳子的张力可以知道绝对运动角速度的大小。

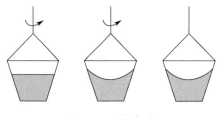

图 3-4　水桶实验

"水桶实验"是牛顿提出的一个更著名的实验，如图 3-4 所示。实验过程如下：一个盛水的桶悬挂在一条扭得很紧的绳子上，然后放手，于是有了下面的结果：

（1）开始时，桶旋转得很快，但水几乎静止不动。在粘滞力经过足够的时间使它旋转起来之前，水面是平的，完全与水桶转动前一样。

（2）水和桶一起旋转，水面变成凹状的抛物面。

（3）突然使桶停止旋转，但桶内的水还在转动，水面仍然保持凹状的抛物面。

在（1）（3）阶段里，水和桶都有相对运动，而前者水面是平的，后者水面凹下；在（2）（3）阶段里，无论水和桶有无相对运动，水面都是凹下的。牛顿由此得出结论：桶和水的相对运动不是水面凹下的原因，这个现象的根本原因是水在空间里绝对运动（相对于牛顿的绝对空间的运动）的加速度。

牛顿在《自然哲学的数学原理》一书中说过：绝对空间，就其本性而言，与外界事物无关，永远是相同的和不动的。绝对的、真正的和数学的时间自己流逝着，并由于它的本性而均匀地与外界对象无关地流逝着。

那么绝对空间在哪里？牛顿曾经设想，或许在恒星所在的遥远的地方，或许在它们之外更遥远地方。他提出假设，宇宙的中心是不动的，这就是他所想象的绝对空间。从今天的观点来看，牛顿的绝对时空观是不对的。不过，牛顿当时清楚地意识到，要给惯性原理一个确切的意义，那就必须把空间作为独立于物体惯性之外的原因引进来。爱因斯坦表示：对此，牛顿自己和他同时代的最有批判眼光的人都是感到不安的；但是人们要给力学以清晰的意义，在当时没有别的办法。爱因斯坦还认为：牛顿引入绝对空间，对于建立他的力学体系是必要的，是在那个时代"一位具有最高思维能力和创造力的人所能发现的唯一道路"。

牛顿的绝对空间概念曾受到同时代人（如惠更斯、莱布尼兹等）的非难和诘问，但由于牛顿力学的巨大成就，200 余年中他的观点一直被人们普遍接受。对牛顿的绝对空间提出批判并且产生巨大影响的是物理学家马赫（如图 3-5 所示）。马赫认为，牛顿水桶实验中水面凹下，是因为它与宇宙远处存在的大量物质之间有相对转动。当水的相对转动停止时，水面就变成平的了。反过来，如果水不动而周围的大量物质相对于它转动，水面也同样会凹下。如果设想把桶壁的厚度增大

到几公里甚至几十公里，没有人有资格说出这实验将会变成什么样。而他本人相信，这一怪桶的旋转将真的对桶内的水产生一个等效的惯性离心力作用，即使其中的水并无公认意义上的转动。马赫的思想归结为一切运动都是相对于某种物质实体而言的，是相对于远方恒星（或者说是宇宙中全部物质的分布）的加速度引起了惯性力和有关效应。

图3-5　马赫

　　在马赫看来，物体的运动都不是相对于绝对空间的，而是相对于别的物体而言的，相对于绝对空间的绝对运动是不存在的。离开了物体之间的相互关系说物体的运动是毫无意义的。马赫不但批判牛顿的绝对时空观，也对牛顿"水桶旋转实验"的结论给予了批评。马赫表示：牛顿用转动的水桶所做的实验，只是告诉我们水对桶壁的相对转动并不引起显著的离心力，而这离心力是由水对地球的质量和其他天体的相对转动所产生的。如果桶壁愈来愈厚，就没有人能说这实验会得出什么样的结果。

　　马赫还认为：一切都是相对的，所有的质量，所有的速度，所有的力都是相对的。所以他认为牛顿转动的水桶是相对于其他天体的相对运动，水面沿桶壁的升高是离心力作用的结果，也可以看作相对惯性力的作用，而这个惯性力是无数遥远天体对水面的引力的作用，所以惯性力本质上就是引力。

　　我们不妨设想，在北极挂一个傅科摆。天空阴霾不见日月，人们默默地观察着摆面的运动，苦思着产生这个现象的根源。忽然间云消雾散，豁然开朗，满天星斗就在眼前。人们惊奇地发现，摆面的转动是与斗转星移同步的。如果你忘记了，或根本不知道，脚下的地球在朝相反的方向自转，你很可能会怀疑，是否摆面是被远方的星星拖着一起旋转的。如果你承认自己脚下的地球在自转，而傅科摆的摆面由于惯性而不动，你会很自然地把远方的恒星当作惯性参考系。除了有形的物质，要在冥冥之中设想出一个绝对的惯性参考系来，不是有点太神秘了吗？

　　马赫认为：不存在"以太"和绝对空间，一切运动都是相对的。这一思想引导爱因斯坦的狭义相对论创立。

　　马赫认为：惯性效应起源于物质间相对加速产生的相互作用。这一思想又导致爱因斯坦猜测惯性力可能与万有引力有相同或相似的根源，都起源于物质间的相互作用，从而导致爱因斯坦走上广义相对论的正确道路。所以，无论是牛顿的"水桶实验"还是马赫原理，在历史上的贡献都应该被肯定。

第三节　奥伯斯佯谬

在英文中，佯谬和悖论是一个单词——paradox，但在中文里两者有着细微的差别，两者的不同之处是：物理上用佯谬，指给理论上的命题提出一个与事实不符合的结果，就是思想实验，它在科学中普遍存在；而悖论多用于数学，指数学定

义不完善，或者逻辑推理有漏洞，从而导致一个矛盾的结果。研究佯谬和悖论，都能活跃思维，增强探究科学知识的能力，引导人们深入探讨自然界的奥秘。

奥伯斯（Olbers，1758—1840 年，如图 3-6 所示），德国天文学家、医生及物理学家。

在 1802 年，奥伯斯发现并命名了智神星，5 年后，再次发现灶神星，这次他让高斯来命名此小行星。在 1815 年 3 月 6 日，他又发现了一颗周期彗星 13P/Olbers（奥伯斯

图 3-6　奥伯斯

彗星）。

一、佯谬的产生

1826 年，奥伯斯提出了夜空为什么是漆黑的疑问，人称奥伯斯佯谬。

这个问题听起来很天真，但是有物理学常识的人都知道这一点也不天真。从表面上看，白天的天空是明亮的，夜晚的天空是黑暗的，是因为地球的自转使得太阳东升西落，实际上还有个重要的原因，就是大气的作用。试想一下，如果没有大气，天空本来就是黑暗的，即使是白天也一样，而太阳只不过是黑暗的背景中一个特别明亮的火球而已，在宇宙飞船中的航天员看到的景象就是如此。为什么有大气才有白天和黑夜？因为大气中有空气分子和大气尘埃。白天，当我们所在的位置对着太阳的时候，太阳光受到空气分子和大气尘埃的多次散射，使得光线在各个方向都有，而我们看向天空中的任何一个方向，都有散射光线进入眼睛，因此感觉天空是亮的。夜晚，由于自转，我们所在的位置背对着太阳，也就是到了太阳的地球阴影里，大气不能散射太阳光，因此天空看起来是暗的。

然而，问题又来了，为什么没有大气的太空是黑暗的呢？不是有那么多恒星在发光发热吗？这个要从宇宙学的角度来解释。

现代宇宙学在基于观测数据和讨论的基础上，得到了被普遍认可的两个基本

假设，称为宇宙学原理。其基本含义是：

（1）在宇宙尺度上，空间任意一点和任意一点的任意方向，在物理上是不可分辨的。即在密度、能量、压强、曲率、红移量等各方面都是完全相同的。但在同一点的不同时刻，其各种物理量都可以不同，即允许存在宇宙演化。

（2）从宇宙中任何一点进行观测，观测到的物理量和物理规律是相同的，没有任何一处是特殊的。在地球上观察到的宇宙演化图景，在其他天体上也能观察到。宇宙处处是中心，又处处不是中心。

简单地说，宇宙学原理是指在大尺度观测下，宇宙是均匀的和各向同性的。

牛顿是最早用科学方法研究宇宙学问题的科学家之一。从牛顿的力学和时空观得到的宇宙模型称为牛顿静态宇宙模型。前文我们讲过牛顿在《自然哲学的数学原理》一书中定义过绝对时间和绝对空间，清晰地表达了两个观点：一是时间和空间是绝对的、相互独立的；二是时间和空间是无限的。牛顿的绝对空间是一个与物质无关的存放物质的容器，它在上下、左右、前后各个方向上都是无限延伸的，在这个无限空间里到处都有天体分布。即使所有的物质都没有了，空间依然存在。时间是所有事物共同依存却又不受任何事物牵连的绝对存在，它无始无终。即使所有的物质发展过程都结束了，时间依然在不停流逝。

牛顿的静态宇宙模型的精髓在于时间和空间的永无止境，不需要考虑起源问题。然而这种宇宙无限的假设恰恰和牛顿自己的定律之间存在矛盾。实际上，牛顿的引力定律是弱引力条件下的理论，不适用于强引力场和大尺度作用范围。

奥伯斯利用牛顿静态宇宙观点，于 1823 年发表一篇文章，其中以自己和一名物理系学生的对话来表达提出的这个佯谬。

奥伯斯："晚上为什么天空是暗的，虽然没有太阳，但是还有其他的恒星啊？"

物理系学生："大多数恒星离我们地球太遥远了，以至于看不见它们。因为恒星照到地球上的光度与距离的平方成反比。"

奥伯斯："看不见个别的星球，不等于看不见它们相加合成的效果。所有恒星的光相加起来，也有可能被看到啊。"

实际上，我们肉眼可见的星系，比如仙女星系，是星系中所有恒星发出光线合成的效果，其中任何一个恒星的亮度都没有达到肉眼可见的程度。

物理系学生："对，相加的效果可能使得星系能够被观测到，但仍然不够照亮夜空。"

奥伯斯："但是你忘了，星球的数目是无限多的啊！"

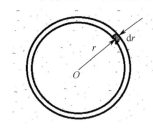

图 3-7　奥伯斯佯谬示意图

奥伯斯是基于无限宇宙中分布着无限多个恒星（当时还没有关于银河系和星系的概念）得出的结果。设每一个恒星的光度都是 E，恒星的空间分布密度为 N，考虑宇宙空间中的某点 O，以 O 为球心，以 r 为半径有一个薄薄的球壳，厚度为 $\mathrm{d}r$，如图 3-7 所示，这层球壳的体积为 $4\pi r^2 \mathrm{d}r$，其中分布的恒星总数为 $N4\pi r^2 \mathrm{d}r$，每一颗星对 O 点产生的照度为 E/r^2，整个球壳对 O 点产生的照度为 $N4\pi E\mathrm{d}r$，这个量与 r 无关。

整个无限宇宙中有无限多重球壳，对点产生的总照度为

$$\int_0^\infty 4\pi NE\mathrm{d}r = 4\pi NE\int_0^\infty \mathrm{d}r = \infty$$

O 是宇宙中的任意一点，于是可以得出结论：宇宙中任意一点的光强都是无限大的，即在任何位置看"天空总是无限明亮的"。

如果认为远处的星被近处的星遮挡住，所以不能无限叠加，因而不是无限光亮的，但至少是足够光亮的，而且各个方向亮度都相同，不存在暗黑的区域，这是由牛顿静态宇宙模型得出的结果，却与人们看到的天空真实情况不相符，因此是佯谬。

这个思想实验涉及四大命题：

（1）宇宙是无限的。

（2）宇宙中到处都有大致分布均匀的恒星，恒星的总数是无限的。

（3）宇宙是静止的，没有变化。

（4）宇宙存在的时间是无限长的。

这四大命题导致奥伯斯佯谬的产生，至少要推翻一个命题，才能解决矛盾，摆脱佯谬。

二、佯谬的解决

1905 年，爱因斯坦狭义相对论问世，提出时间和空间是不可分割的，即四维时空理论。1915 年，爱因斯坦广义相对论问世，提出时空和物质不可分割，"物质告诉时空如何弯曲，时空告诉物质如何运动"，也就是说，只要有物质，就有引力场，引力场的大小决定了时空弯曲的程度。时间和空间的结构与性质都是依赖于物质的，不能独立于物质而单独存在。如果物质没有了，时间和空间就也没有

了。1917 年，爱因斯坦以引力场方程为依据，提出了一个有限无界静止宇宙模型：现实的三维空间是一个无界空间，无论向哪一个方向运动都永远走不到尽头，不可能遇到边界；宇宙中各处地位同等，处处是中心，又处处不是中心，或者说宇宙没有中心。但是，宇宙中到处充满物质，存在引力场，相对论说明宇宙的三维空间是弯曲的，一个有曲率的三维空间只能是有限的，因此宇宙是有限的。

有限宇宙的结论首先推翻了奥伯斯佯谬的第一个命题，后续的发现——宇宙是膨胀的，推翻了第三个命题，更是推翻了静态宇宙的概念。那么宇宙的时间呢？

在膨胀宇宙的概念下，1932 年，勒梅特提出宇宙是由一个极端高热、极端压缩状态的"原始原子"突然膨胀产生的。1948 年，伽莫夫提出一个较完善的宇宙创生理论。该理论认为：宇宙是由高温高压状态下的原始基本粒子，因空间的突然膨胀而开始创生的。这些基本粒子开始时几乎全部是中子，空间膨胀导致温度下降，使中子按当时已熟知的放射性衰变过程自由地转化为质子、电子等，逐渐产生由轻到重的各种化学元素。随着整个宇宙的膨胀和降温，各种粒子进一步形成星系、恒星等天体，然后沿着天体演化的阶梯一直延续到现在。

伽莫夫提出的宇宙创生理论因反对者提出的含有嘲讽意味的"大爆炸理论"而命名。之后，随着微波背景辐射、哈勃望远镜观测到宇宙膨胀、太初合成理论对元素丰度的预测三个实验结果的证实，宇宙大爆炸模型得到了普遍的认可。

根据这个模型，可知宇宙大约形成于 137 亿年前，星体形成于大爆炸后 10 亿年左右。因为光速是有限的，光传播到地球上需要时间，因此地球上的观测者只能观测到有限年龄的宇宙。宇宙在时间上的有限也限制了我们可观测的空间距离，也就是说，地球上的人们无法看到 137 亿光年之外的星星。因为远处的星光还没有到达我们这里，我们看到的星星数目是有限的，这就使得我们不能在任何观测角度看到星星，因此天空的背景不是明亮的，而是漆黑一片。

图 3-8 为宇宙大爆炸的示意图，显示了宇宙形成初期的粒子和星系形成的时间。极早期的宇宙中电磁波是不透明的，没有光线能够传递出来。然而，在大爆炸后约 38 万年，当温度降低到了 3000K 时，电子和原子核开始复合成原子，光子被大量原子反复散射，这段时期被称为"最终散射"时期，此时形成的光辐射对天空贡献巨大。然而由于宇宙在不断膨胀，这些"古老的光波"已经红移到微波波长的范围了。这种宇宙学上的红移，是宇宙膨胀导致的在宇宙学大尺度下显著的光谱移动，波长变长。当"古老的光波"红移到微波的范围内，因长期适应太阳光的人眼将无法看见光波范围之外的微波，所以我们看到的是漆黑一片。这个

大爆炸的余晖，在 1965 年被美国射电天文学家彭基亚斯和威尔逊发现，他们探测到了宇宙大爆炸残留的宇宙微波背景辐射，如图 3-9 所示，这和伽莫夫的模型曾经预言的宇宙大爆炸留下的热辐射一致，证实了哈勃膨胀是宇宙大爆炸的结果，因此我们观测到的宇宙不仅是有边界的，还是有起点的。

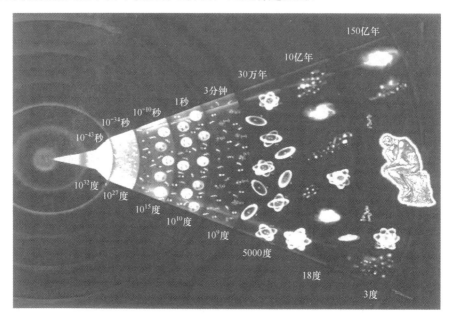

图 3-8　宇宙大爆炸示意图

图 3-9　宇宙微波背景辐射图

红移效应不仅仅使"最终散射"时期的光波变成微波背景辐射，也使所有从遥远星系传播到地球的光波谱线向长波移动，这种效应加强了"暗夜"的效果，原来夜空的黑暗也和我们的眼睛所见光波的范围不够广有关。

至此，"奥伯斯佯谬"有了多层次的解决方法，不得不说，这个思想实验是人类认知宇宙的一个良好开端，是人们第一次定量地考虑整个宇宙，并从此开辟了物理学新分支——现代宇宙学。

第四节　爱因斯坦追光实验

爱因斯坦（Einstein，1879—1955 年，如图 3-10 所示），出生于德国乌尔姆市的一个犹太人家庭。1900 年毕业于瑞士苏黎世联邦理工学院，入瑞士国籍。1905 年，爱因斯坦获苏黎世大学物理学博士学位，提出光子假设，成功解释了光电效应（因此获得 1921 年诺贝尔物理学奖）；同年创立狭义相对论，1915 年创立广义相对论，1933 年移居美国，在普林斯顿高等研究院任职，1940 年加入美国国籍同时保留瑞士国籍。1999 年 12 月，爱因斯坦被美国《时代》周刊评选为 20 世纪的"世纪伟人"。

图 3-10　爱因斯坦

爱因斯坦无疑是 20 世纪最伟大的物理学家，他的发现是超越时代的。广义相对论至今被誉为"世界上最优美的理论"，而广义相对论问世后，爱因斯坦预言：这个理论的实际应用也许会在一百年后的科技中得以体现。这个预言如此正确，一百年后的今天我们发现：宇宙探索、定位系统、量子通信等多方面的高科技，都离不开广义相对论的理论基础，广义相对论一直是人类探索宇宙的基石。

爱因斯坦钟情于思想实验，思想实验是由想象构建出来并借助于想象进行的，想象贯穿思想实验的始终，没有想象就没有思想实验。丰富的想象力是进行思想实验的前提和基础。爱因斯坦就是一位既有丰富想象力，又有严密逻辑思维能力的物理学大师，他的思想实验是建立狭义相对论和广义相对论的基础，追光实验是爱因斯坦最早开始的思想实验。

一、经典物理学天空上的乌云

19 世纪末，经典物理学的发展硕果累累，经典物理学的大厦巍然耸立，人们为此欢呼雀跃，甚至有人提出物理学已发展到了顶峰时期，剩下的不过是如何使测量更准确等添添补补的工作。但同时，人们发现了一些新的物理现象，如 X 射线、阴极射线、电子等，这些都是以前的物理学无法解释的，热辐射实验和迈克尔逊-莫雷实验更使物理学陷入困境。正如前文所讲，迈克尔逊-莫雷实验的"零结果"，让狭义相对论逐渐浮出水面。

在狭义相对论建立之前，科学家们普遍认为：时间的量度与参考系无关，即时间是绝对的；长度的量度与参考系无关，即空间是绝对的；时间和空间的量度也是相互独立的。这就是经典力学的时空观，也被称为牛顿的绝对时空观。绝对时空观认为，同样的两个点之间的距离或同样的前后发生的两个事件之间的时间间隔，无论在哪个参考系中测量，结果都是一样的。显然，绝对的时空观符合我们的日常生活经验。

经典力学认为：对于任何惯性系，牛顿定律都成立。也就是说，对于不同的惯性系，物体运动所遵循的力学基本定律——牛顿定律，都具有相同的数学表达形式，这被称为力学相对性原理或牛顿相对性原理。这个思想首先是伽利略表述的，1632 年，他曾以大船做比喻，生动地指出：在以任何速度前进，只要运动是匀速的，同时也不向各方向摆动的封闭大船船舱内观察各种力学现象，如人的跳跃、抛物、水滴的下落、鱼的游动，甚至蝴蝶的飞行等，你会发现，它们的运动规律和在地面上发生的没有任何不同。水滴仍将竖直下落，尽管当水滴尚在空中时船已向前行驶了；不管你的朋友是在船头还是船尾，你抛物给他时所费的力是一样的等。人们并不能利用这些现象来判断大船是否在运动。由此可推知，在一个惯性系内所做的任何力学实验都不能据此判断该惯性系是否运动，也就是说，所有惯性系都是等价的。如图 3-11 所示，对于做匀速直线运动的大船而言，只有当打开舷窗向外看，看到岸上灯塔的位置相对于船在不断地发生变化时，才能判定船相对于地面是在运动的。即使这样，也只能得出相对运动的结论，并不能确定"究竟"是地面在运

图3-11 从岸上景物位置判定船的运动

动还是船在运动，只能确定这两个惯性系在做相对运动，因此，谈论某一惯性系的绝对运动（或绝对静止）是没有意义的。

其实，早在汉代，我国就有古书记载了关于相对性原理的思想。

所有惯性系的地位都一样，不存在一个比其他惯性系更优越的惯性系。在一

个惯性系内进行的任何力学实验，都不能确定这个惯性系本身是处于静止状态还是做匀速直线运动。

关于时间和空间，牛顿在讨论运动与参考系的关系时，提出了绝对时间和绝对空间的概念，即绝对时空观。绝对时间是指时间的量度与参考系无关，无论在哪一惯性系测量同一事件的时间间隔，结果都一样。绝对空间是指长度的量度与参考系无关，无论在哪一惯性系测量同一长度（同样两点间的距离），结果都一样。基于此，能得到什么结果呢？

设有两个惯性系 S 和 S'，在其上分别固定直角坐标系 $oxyz$ 和 $o'x'y'z'$，简单起见，使它们相对应的坐标轴相互平行，且 x 轴和 x' 轴重合，如图 3-12 所示。设 S' 系沿着 x 轴以恒速 u 相对于 S 系运动。在 S 和 S' 上分别固定计时的钟，以确定在空间发生的事件在各自惯性系中对应的时刻。我们约定，在 o 和 o' 重合的时刻开始计时，即此时 $t = t' = 0$。本章后面讲到的 S 和 S' 系以及相应的 $oxyz$ 和 $o'x'y'z'$ 坐标系定义都与此相同。

假设某一时刻，在空间中的 P 点发生了一个事件，如图 3-13 所示。P 点在两个坐标系中的空时坐标分别为 (x, y, z, t) 和 (x', y', z', t')，根据绝对时空观，则有

$$\begin{cases} x' = x - ut \\ y' = y \\ z' = z \\ t' = t \end{cases} \tag{3-7a}$$

或

$$\begin{cases} x = x' + ut' \\ y = y' \\ z = z' \\ t = t' \end{cases} \tag{3-7b}$$

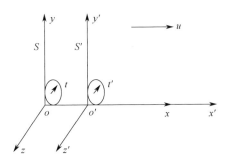

图 3-12　两个惯性参考系的关系

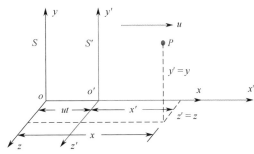

图 3-13　同一质点在不同惯性系中坐标之间的关系

式（3-7a）和式（3-7b）被称为空间坐标和时间的伽利略变换，通常简称为伽利略变换。

把式（3-7a）对时间求导，并考虑到 $t = t'$，得

$$\begin{cases} v'_x = v_x - u \\ v'_y = v_y \\ v'_z = v_z \end{cases} \quad (3\text{-}8a)$$

或

$$\vec{v}' = \vec{v} - \vec{u} \quad (3\text{-}8b)$$

在矢量式（3-8b）中，$\vec{v}$ 和 $\vec{v}'$ 分别是 P 点相对于 S 系和 S' 系的速度，$\vec{u}$ 是 S' 系相对于 S 系的速度。

把式（3-8a）两边分别对时间求导，得

$$\begin{cases} a'_x = a_x \\ a'_y = a_y \\ a'_z = a_z \end{cases} \quad (3\text{-}9a)$$

或

$$\vec{a}' = \vec{a} \quad (3\text{-}9b)$$

该式表明，在不同的惯性系中，同一质点的加速度是相同的。

式（3-8a）、式（3-8b）和式（3-9a）、式（3-9b）分别为 S 系和 S' 系之间的伽利略速度和加速度变换式。通常情况下，这些关系都与实验结果相符。因此，长期以来人们都对此深信不疑。

确如上面所说，物体在低速运动范围内，牛顿力学相对性原理和伽利略变换是符合实际情况的。可以肯定地说，利用牛顿力学定律和伽利略变换，原则上可以解决任何惯性系中所有低速物体的运动问题。然而在涉及电磁现象，包括光的传播现象时，牛顿力学相对性原理和伽利略变换遇到了不可克服的困难。

伽利略坐标变换和力学相对性原理的出现，使物理学在参考系的描述方面迈出了一大步。爱因斯坦称牛顿的绝对时空观是那个时代具有最高智慧的人所能达到的最高成就。绝对时空观最重要的结论之一是速度合成定理。例如，一人以速度 $\vec{u}$ 相对于自己抛球，他自己又以速度 $\vec{v}$ 相对于地面运动，则球出手时相对于地面的速度为 $\vec{v}' = \vec{v} + \vec{u}$。按常识，这个结论是天经地义的。但把这种算法应用到光传播问题上，就出现了矛盾。

设想甲、乙二人打排球，如图 3-14 所示。甲击球给乙，乙看到球是因为球发出的光（实际是反射的光）到达了乙的眼睛。设甲、乙二人相距为 d。假定 $t=0$ 时

刻，甲开始抛球，他的抛球动作（球离开甲前的一瞬间）传到乙时，该时刻为 $t_1 = \dfrac{d}{c}$；当球刚脱离甲时，它发出的光相对于地面的速度为 $\vec{v}+\vec{c}$，球脱离甲这个动作传到乙眼睛的时刻为 $t_2 = \dfrac{d}{v+c}$。显然，$t_1 > t_2$，即乙先看到 t_2 时刻发生的事情，后看到 t_1 时刻发生的事情，或者说，乙先看到球脱离甲，后看到甲抛球。这样因果关系就颠倒了，这种情况是不可能的，实际生活中谁也没看到过。也许有人会说，由于光速非常大，t_1 和 t_2 相差太小，两件事情几乎同时发生，在日常生活中是无法区分的，这个例子没有什么现实意义。那么我们来看另一个天文学上的例子。

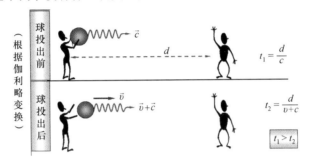

图 3-14 打排球实验示意图

1731 年，一位英国人用望远镜在南方夜空的金牛星座上发现了一团云雾状的东西，外形像螃蟹，人们称它为"蟹状星云（Crab Nebula）"，如图 3-15 所示。后来观测表明，这只"螃蟹"在膨胀，膨胀速率约为 0.21″/ 年。到了 1920 年，它的半径达到了 180″。推算起来，它的膨胀应开始于 857 年以前，即公元 1063 年左右。也就是说，该"蟹状星云"是在大概 900 年前产生的，它是超新星爆发时抛出来的气体壳层。这一事实刚好在我国的古籍里得到了证实。《宋会要》记载：1054 年，在金牛星附近出现亮光，白天看起来就比金星亮，历时 23 天，后来慢慢暗下来，直到 1056 年才消失。

图 3-15 蟹状星云

当一颗超新星爆发时，它外围的物质向四面八方扩散。有些抛射物是向着地球飞行的（如图 3-16 中的 A），有些抛射物是横向飞行的（如图 3-16 中的 B）。如果光速也满足经典速度合成定理，则 A 向地球发射的光线的传播速率为 $c+v$，B 向地球发射的光线的传播速率为 c，它们到达地球所需时间分别为

$$t' = \frac{l}{c+v} \qquad\qquad t = \frac{l}{c}$$

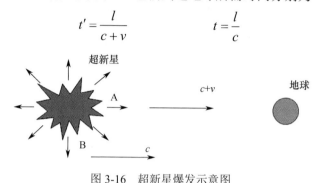

图 3-16　超新星爆发示意图

其他方向抛射物发出的光线到达地球的时间处于两者之间。星云到地球的距离 $l = 5000$ 光年，抛射物的速率 $v = 1500\text{km}/\text{s}$，则

$$t - t' = \frac{l}{c} - \frac{l}{c+v} = \frac{l}{c}\left(1 - \frac{c}{c+v}\right) = 5000 \times \left(1 - \frac{c}{c+v}\right)$$

$$= 5000 \times \left(1 - \frac{3}{3.015}\right) = 25 \text{（年）}$$

也就是说，人们会在 25 年内持续看到超新星爆发时发出的强光。但史书上记载的是，亮光从出现到消失只有两年。这该如何解释？

我们知道，大海中轮船激起的波浪的传播速度只与洋流的速度有关，而与轮船的速度无关；声音在空气中传播时的速度与发音物体的状态无关，只与空气有关。这为我们解释上述疑难提供了一种可能，即超新星发出的光的速度与抛射物的速度无关，只与介质的运动状态有关。这样上述矛盾就不复存在了。不过一个新的问题产生了：传播光线的介质是什么？人们认为太空中到处充满了一种物质，即"以太"，"以太"在太空中绝对静止，光相对于"以太"的速率为 c。地球也在"以太"中运动，应该能感受到"以太"风的存在。如果在地面上让光线在平行和垂直于"以太"风的方向上传播，它们应该有不同的速率。

如图 3-17 所示，物体在"以太"中以速率 v 运动，它右端发出的光到达左端时的速率（相对于物体）为 $c+v$；左端发出的光到达右端时的速率为 $c-v$。根据这一原理，迈克尔逊设计了一个巧妙的实验装置来测量地球相对于"以太"的速

度。如前文所述，1887 年，迈克尔逊和莫雷完成了这个实验，但测量的结果却是地球相对于"以太"的速度为零。这是历史上著名的零结果实验。

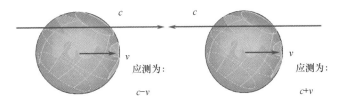

c　　　　　　　c

v　　　　　　　v

应测为：　　　　　　　　　　应测为：

c−v　　　　　　　　　　　　c+v

图 3-17　测量示意图

迈克尔逊-莫雷实验令当时大多数从事这方面研究的科学家大失所望。抛弃"以太"是他们难以接受的。

二、追光实验

当别人忙着在经典物理的框架内用形形色色的理论来修补"以太"时，1905 年，26 岁的爱因斯坦却另辟蹊径。他否定了"以太"的存在，提出了两个重要的基本假设，并从这两个基本假设出发建立了一整套狭义相对论时空观。

爱因斯坦在 16 岁时问了一个简单的问题：如果你能赶上一束光的话，它看起来会像什么样子呢？如图 3-18 所示。

图 3-18　爱因斯坦追光实验

按照伽利略速度变换公式，他看到的另一束光相对于自己应该是静止的。如同战争时期的一个著名的案例：空中的飞行员感觉到自己的耳朵边有东西，他伸手一抓是一颗子弹，这是因为子弹的飞行速度和飞行员是一致的，因此子弹相对于飞行员是静止的。

伽利略变换是力学相对性原理的结果，是经典力学的结论，爱因斯坦对牛顿始终充满敬意。爱因斯坦也非常崇拜另一位物理学家，那就是麦克斯韦。根据麦克斯韦的电磁理论，把光速带入后计算相对速度，结果发现是不变的。如果能追上光，就意味着空间中的光像冻结了一样。但是，光不会冻结。因此，光的速度不会慢下来，仍然以光速运动。那么，即使追上了光，观察者也会发现光速不变，出现变化的是其他东西，如时间。爱因斯坦在《自述》中回忆：经过十年的沉思以后，我从一个悖论中得到这样一个原理，这个悖论在我 16 岁时就无意中想到了，如果我以真空中的光速追随一条光线运动，那么我就应该看到这样一条光线，就好像一个在空间里振荡着而停滞不前的电磁场。可是无论是根据经验，还是按照麦克斯韦方程，看来都不会有这样的事情。

电磁规律不具有伽利略变换不变性。按照伽利略变换，力是与参考系无关的。但是，电磁力是和参考系有关的。

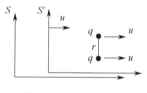

图 3-19　等量点电荷

例如，有一个两端带等量点电荷 q 的刚性小棒，静止在 S' 系中，如图 3-19 所示。在 S' 系，两个点电荷之间的相互作用力只有静电力，即库仑力，而在 S 系，两个点电荷在运动，它们之间不但有静电力，还有与运动速度有关的磁场力。显然，在 S 系和 S' 系，两个点电荷之间的作用力是不同的，具有不同的表达式，因此不具有伽利略变换不变性。

由于库仑定律是电磁理论的基础，因此，电磁规律也不具有伽利略变换不变性。真空中光速不满足伽利略速度变换。

1865 年，麦克斯韦电磁理论预言了电磁波的存在，它还预言光是一种电磁波，光在真空中的速率

$$c = \frac{1}{\sqrt{\varepsilon_0 \mu_0}} \approx 3 \times 10^8 \, \text{m} / \text{s} \tag{3-10}$$

实验测得 ε_0 和 μ_0 都是与参考系无关的常数，因此，c 也应是一个与参考系无关的恒量，也就是说光在真空中传播的速率与参考系的选择以及与光传播的方向无关。显然，这是与伽利略速度变换相矛盾的。

针对上述光速问题，历史上曾存在过以下猜想：光波（电磁波）和机械波一样，必须通过媒质才能传播。传播光的媒质被命名为"以太"。麦克斯韦电磁理论只在某一特殊的惯性系中成立，而该惯性系就是相对于"以太"静止的参考系，称为绝对惯性系。在绝对惯性系中，"以太"均匀、静止地分布在整个宇宙空间，即使是真空也不例外。麦克斯韦理论预言的光速 c 是相对于绝对惯性系（"以太"系）的速率，且沿各个方向都相同。在非绝对惯性系中，光的速度仍然遵循伽利略速度变换。

伽利略变换、力学相对性原理和麦克斯韦电磁理论三者之间的矛盾，使人们不得不面临两种选择：

伽利略变换是正确的，麦克斯韦电磁理论不符合力学相对性原理；

麦克斯韦电磁理论符合力学相对性原理，修改伽利略变换，即抛弃绝对时空观。

爱因斯坦坚定地选择了第二种，并对这个问题进行了深入的研究。1905 年，爱因斯坦大胆提出了两个重要的基本假设。

（1）相对性原理：在所有惯性系中，一切物理定律都具有相同的形式。也就是说在任何惯性系中做任何实验都无法检测到自己相对于其他惯性系的运动，即所有惯性系都是等价的。这也称为爱因斯坦相对性原理。

（2）光速不变原理：在所有惯性系中，真空中的光沿各个方向传播的速率都等于同一个常量 c，与光源或观察者的运动无关。

第一条假设肯定了一切物理规律（包括力、电、光等）都应该遵从同样的相对性原理，它是力学相对性原理的推广。相对性原理适用于任何自然现象，无论通过什么物理实验方法都不能据此找到绝对参考系，也就是说绝对静止的参考系是不存在的。第二条假设指明电磁波相对于任何惯性系（包括地球）的速度都相同，这与迈克尔逊-莫雷实验和其他有关实验的结果是一致的，但与伽利略变换显然是冲突的，因此式（3-8a）和式（3-8b）不可能成立，这意味着必须抛弃绝对的时空观。

这些观念的变化，从经典力学看是不可思议的，却能完美解释新的实验现象，吹散经典物理学大厦上的一朵乌云，并且爱因斯坦依据以上两条假设，从考虑同时性的相对性开始，建立了狭义相对论，促使形成了近代物理学的一个重要分支。

第五节　孪生子佯谬

一、狭义相对论同时性的相对性与时钟延缓效应

前文我们讲过，爱因斯坦在追光实验的基础上，提出了两条基本假设，从而建立了狭义相对论的时空观。为了说明孪生子佯谬，我们先来介绍相对论时空观中同时性的相对性与时钟延缓效应。

1. 同时性的相对性

同时性的相对性是指：在某一个惯性系中观察同时发生的两个事件，在相对于此惯性系运动的另一个惯性系中观察，这两个事件并不一定同时发生。这可从下面的理想闪光实验看出来。

如图 3-20 所示，假设车厢相对地面以速度 $\vec{u}$ 做匀速直线运动，车厢前后的 A'、B' 两点各放置一个光接收器，在 $A'B'$ 的中点 M' 处有一个闪光光源。如果光源 M' 发出一束闪光，由于 $A'M' = M'B'$，而光朝各个方向传播的速率是相等的，所以向左和向右的两束闪光必定同时到达这两个接收器，也就是说，以车厢为参考系（S' 系），闪光到达 A'（事件 1）和闪光到达 B'（事件 2）是同时发生的。而以地面为参考系（S 系），整个仪器都在向右匀速运动。在光从 M' 向 A' 运动的这段时间内，A' 已背着光走了一段距离，而在光从 M' 向 B' 运动的那段时间内，B' 则迎着光也走了一段距离。显然，光从 M' 到 B' 所走的距离要比光从 M' 到 A' 所走的距离短。由于光速率（c）相等，所以光必定先到达 B'，后到达 A'，或者说，光到达 A'（事件 1）和到达 B'（事件 2）在地面参考系中观察并不同时发生，而是在车厢运动后方的那个事件（事件 2）先发生。

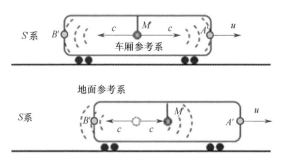

图 3-20　同时性的相对性的理想闪光实验

反过来，如果 M、A、B 等是一套固定在地面上的类似装置，分析是同样的。在地面的人观察，闪光同时到达 A 和 B；而在车厢中观察，整个仪器向左运动，位于运动后方的 A 迎着闪光运动，因此将先收到闪光。

以上分析表明：沿两个惯性系相对运动方向发生的两个事件，若在其中一个惯性系中是异地同时的，在另一个惯性系中观察，则总是在前一个惯性系运动的后方的那个事件先发生。

需要注意沿两个惯性系相对运动方向发生的两个事件的同时性是相对的。如果不是沿相对运动的方向，而是沿垂直于两个惯性系相对运动的方向，则两个事件的同时性是绝对的。从分析可以看出同时性的相对性是光速不变原理和相对性原理两条基本假设的直接结果。

爱因斯坦认为，自己的最大突破是认识到了光速是绝对的，承认"光速不变原理"就必须承认"同时性的相对性"，这个难题困扰了爱因斯坦很长时间，想通这一点，所有问题就迎刃而解了！庞加莱在 1897 年发表了一篇文章《空间的相对性》，以及在后面出版的哲学著作《科学与假设》《论电子动力学》等都提到这一观点。洛仑兹为麦克斯韦方程组追加了一个洛仑兹力方程，提出洛仑兹变换。他们十分接近相对论的发现，但没有认识到"光速不变原理"，也没想到"同时性"概念的相对性，从而与相对论失之交臂。

2. 时钟延缓效应（钟慢效应、时间量度的相对性）

图 3-21 中，闪光灯 A'（也指 A' 处）、钟 C'（也指 C' 处）和平面镜 M'（也指 M' 处）固定在车厢参考系（S' 系）中，M' 位于 A' 的正上方，且 $A'M' = L$。令 A' 发出一束闪光，射向平面镜 M' 再反射回 A'。由 C' 测量（固定在 S' 系上），c 为光速，"A' 发射闪光"和"A' 收到闪光"这两个事件的时间间隔应为

$$\Delta t' = \frac{2L}{c} \tag{3-11}$$

在地面参考系（S 系）中，由图 3-21 可以看出，由于车厢的运动，"A' 发射闪光"和"A' 收到闪光"分别发生在地面上的不同地点（A 点和 B 点）。为了测量时间间隔，必须在地面上放置一系列与 C' 结构相同并校准过的钟 $C_1, C_2, C_3 \cdots$ 以地面为参考，把"A' 发射闪光"和"A' 收到闪光"的时间间隔 Δt 定义为 A' 分别经过地面上 A 和 B 两点时对应位置的钟 C_i 和 C_j 的时间差。由于平面镜随着车厢向右运动，到达平面镜的光不是竖直向上传播的，而是沿着斜线方向。同样，在 A'

收到的反射光也是沿斜线传播过来的，如图 3-21 所示。

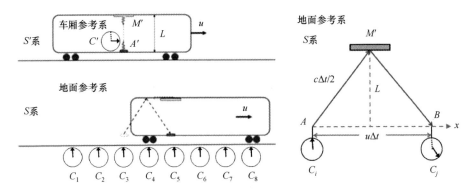

图 3-21　时钟延缓效应的理想实验

因此解得

$$\left(c\frac{\Delta t}{2}\right)^2 - \left(u\frac{\Delta t}{2}\right)^2 = L^2$$

$$\Delta t = \frac{2L/c}{\sqrt{1-u^2/c^2}} \qquad （3-12）$$

比较式（3-11）和式（3-12），得到

$$\Delta t = \frac{\Delta t'}{\sqrt{1-u^2/c^2}} \qquad （3-13）$$

由式（3-13）可知，$\Delta t > \Delta t'$，它们之间的差别与两个惯性系的相对速度 u 有关，这个结果称为时钟延缓效应。注意到 "A' 发射闪光" 和 "A' 收到闪光" 这两个事件先后发生在 S' 系中的同一地点 A'，在 S 系中观察则不在同一地点（B 点和 A 点）。在狭义相对论中，将在一个惯性系中测得的、先后发生在同一地点的两个事件之间的时间间隔称为固有时间或原时，用 $\Delta t_{固}$ 表示。由式（3-13）可知，在任何惯性系中测量两个事件的时间间隔，以固有时间为最短，即有

$$\Delta t = \frac{\Delta t_{固}}{\sqrt{1-u^2/c^2}} \qquad （3-14）$$

例如，在 S' 系中 A' 处有一固定的时钟，每隔一小时敲一下，这里 "一小时" 就是 "敲第一下" 和 "敲第二下" 这两个事件的时间间隔，这两个事件发生在同一地点，所以 "一小时" 是固有时间，$\Delta t_{固} = 1$ 小时。在 S 系看，钟是运动的，这两个事件发生在不同的地点，其时间间隔就不是固有时间，应为 Δt（也称两地时

或观察时），比 $\Delta t_{固}$ 大。因此有"运动的钟变慢"的结论。由于运动是相对的，所以 S' 系中的观察者也认为 S 系中的钟是运动的，与 S' 系中的钟相比，S 系中的钟要慢些。这种运动的钟变慢的效应被称为时钟延缓。

"运动的钟变慢"的结论同日常生活经验的差距实在太大了，这是因为在日常生活中，物体运动的速率 $u \ll c$，Δt 与 $\Delta t'$ 的差别非常小，根本察觉不出来，所以人们普遍认为 $\Delta t = \Delta t'$，这正与牛顿的绝对时间观念一致，因此牛顿的绝对时间观是相对论时间观在惯性系相对速度比光速小得多的情况下的近似。

从上述分析可以看出：运动的钟变慢并不是时钟的结构发生了变化，而是运动参考系中发生的一切过程延缓了。运动的钟变慢是相对的，不存在绝对的情况。在低速领域，相对论效应可忽略。

1971 年，美国空军用两组 Cs（铯）原子钟绕地球一周，得到运动的钟变慢：（203±10）ns，而理论值为：（184±23）ns，二者在误差范围内相符。高精度时钟的准确测量验证了时钟延缓效应，使结果获得证实，同时现代科技无法在不考虑时钟延缓效应的情况下获得准确信息。

二、孪生子佯谬的提出

"孪生子佯谬"的提出归功于法国物理学家朗之万。爱因斯坦的"狭义相对论"提出后，物理学家朗之万在 1911 年提出了"孪生子佯缪"。如图 3-22 所示，如果孪生子中的一个人乘飞船以近光速旅行，根据爱因斯坦相对论的时钟延缓效应，对于地球上的同胞兄弟来说，旅行者的时间变慢，因此比地球上的兄弟年轻。而对于飞船上的兄弟，地球上的那位也以近光速与自己做相对运动，地球上同胞兄弟的时间相比自己的时间更慢，所以地球上的兄弟比自己年轻。如果飞船回到地球，到底是谁更年轻呢？朗之万还认为，如果旅行者和地球留守者用无线电信号保持联系，旅行者和地球留守者会发现他们的时间是不同的。不过，朗之万没有给出详细的机制说明。

爱因斯坦在 1918 年德国的《自然科学》上给出他自己对孪生子佯谬的正式解答。爱因斯坦认为整个过程分五个阶段，阶段一是加速阶段，阶段二是匀速阶段，阶段三是加速阶段，阶段四是匀速阶段，阶段五是加（减）速阶段。从飞船参照系来看，加速相当于地球时钟受到一个新引力场的作用。爱因斯坦的结论是：计算表明地球时钟在阶段三的时间加快准确地等于其在阶段二和阶段四时间减慢的两倍。这样完全消除了你提出的佯缪。爱因斯坦的解答是以对话录的形式写的，"你"是假想的相对论批评者。

(a) 孪生子告别　　　　　(b) 哥哥乘坐飞船进行星际旅行，弟弟留守地球

(c) 几十年后飞船归来　　(d) 兄弟相见，哥哥依然年轻，弟弟已然成为白发老人

图 3-22　孪生子佯谬示意漫画图

三、孪生子佯谬的理论解释

我们再来利用现在的观点详细解释一下。相对论认为，在三维空间中，一个人可以被视为一个点，这个人如果在运动，就会描出一条线。把时间加上去后，他不运动也会描出一条线。这个人如果不动，描出的就是与时间轴平行的一条直线；如果运动，描出的就是一条斜线或者一条曲线。相对论把这种四维时空中的一个人，或者一个质点描出来的曲线称为"世界线"，世界线的长度在相对论中被认为是这个人经历的时间。

如图 3-23 所示，我们用横坐标表示三维空间，纵坐标表示时间。时间是不会停止的，因此在三维空间里静止的质点（或者一个不动的人），在此四维空间里描出一条与时间轴（t 轴）平行的直线。匀速运动的质点，由于位置随时间变化，将描出一条斜线，变速运动的质点将描出一条曲线。这些线都是世界线。相对论认为，一个质点描出的世界线的长度，就是它经历的真实时间，在相对论中被称为质点的固有时间。现在我们看在地球上不动的这个人，就是三个空间坐标都固定的人。P 点固定了，时间轴往前走，所以描出的世界线是一条直线，而出去旅行的人先坐着飞船出去，然后再回来与他相聚，他的世界线是一条曲线。图中的 A

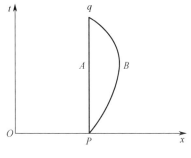

图 3-23　孪生子佯谬的世界线

线就是双胞胎中留在地球的兄弟的世界线（地球绕日的运动可以忽略不计，可以看成是空间位置不变的）。对于星际旅行者来说，他的飞船先加速，接近外星球时减速，降落，然后再启动返回地球，先加速，接近地球时减速，降落，与留在地球上的同胞兄弟相会，他的世界线是图 3-23 中的 B 线。可以看出，双胞胎兄弟的世界线不一样长，两人经历了不同的时间。这两条线的长度显然不一样，谁的世界线更长，谁就更老。

但是这么看的话，出去旅行的人应该显得比地球上的人更老。但实际上，直线比曲线要长。若是认为曲线比直线长，那就是上了伪欧几里得几何的当。欧几里得空间里，斜边的平方等于两直角边平方和。

$$\mathrm{d}l^2 = \mathrm{d}x^2 + \mathrm{d}y^2 \qquad\qquad (3\text{-}15)$$

闵可夫斯基空间是伪欧几里得空间。时间与空间坐标的长度中间差一个负号，因此斜边的平方等于两直角边平方差，即

$$\mathrm{d}\tau^2 = \mathrm{d}t^2 - \frac{1}{c^2}\mathrm{d}x^2 \qquad\qquad (3\text{-}16)$$

式（3-16）中，τ 是固有时，即质点世界线的长度，所以两点之间直线最长，曲线反而比直线短，所以出去旅行的人年轻，地球上的人老。

这里还需要解释一下，为什么朗之万提出的"而对于飞船上的兄弟，地球上的那位也以近光速与自己做相对运动，地球上的同胞兄弟经历的时间比自己的时间慢，所以地球上的兄弟比自己年轻。"是不对的。因为，这里时间线的长短和是否加速有关，这个加速是真加速，是参考系里的观察者能真切感受到的惯性力，能否感受到惯性力，是真加速和假加速的一个分界线，飞船上的人真加速了，地球上的人没有，这个结果是绝对的。

我们依然从思想实验出发，通过相对论来计算一下。先举一个比较近的例子，我们知道除太阳外离我们最近的恒星是比邻星，距离地球约 4.3 光年。飞船从地球出发，前四个月一直在加速，加速度是重力加速度的 3 倍，也就是人处于超重状态，所受惯性力是地球重力的 3 倍，这是人可以长时间忍受的"重力"。（这里不以普通人的忍受程度为准，对于训练有素的宇航员来说，我们取比较极限的情景作为理想实验）加速的结果是这个飞船加速到 25 万公里/秒，此时由于要节约燃料，因此关闭发动机。这时飞船以 25 万公里/秒的速度往前飞，人处于失重状态，做惯性运动。快到比邻星的时候再以 3 倍的重力加速度减速，到达后，以同样的方式返回。

飞船上的人觉得过了多长时间呢？7 年。7 年就可以完成这次航行。地球上觉得过了多少年呢？12 年。二者相差 5 年。

如果举一个明显的例子，我们设想一艘去银河系中心旅行的用光子发动机制作的飞船，从地球到银河系中央有 2.8 万光年。这次以 2 倍的重力加速度加速起步，不关闭发动机，飞行到一半距离时，再以 2 倍的重力加速度减速，到达银河系中心时再以同样的方式返回地球，始终保持 2 倍的重力加速度。计算表明，飞船上的人觉得过了多长时间？40 年。但是地球上的人认为过了多少年呢？6 万年。也就意味着，当飞船上的人觉得自己只过了半生时，他所认识的人早已成为历史人物。

以诺贝尔物理学奖获得者基普·S·索恩（2017 年因在 LIGO 探测器和引力波观测方面的决定性贡献，获诺贝尔物理学奖）为科学顾问的科幻电影《星际穿越》（如图 3-24 所示）中，宇航员库珀在进行了几十年的宇宙航行后，再见到他的女儿墨菲时，女儿已是垂暮之年，但他依然年轻。这是通过引力计算得出的结果，科幻并非虚幻，是有理论依据的。当然，在航行中为了有效使用时间，还使用了长途旅行时冷冻等方式，当到达时再复苏。这些科学理论，也在我国著名科幻作家刘慈欣的小说《三体》（如图 3-25 所示）中被不断采用。

宋代苏轼在《水调歌头·明月几时有》中感叹："不知天上宫阙，今夕是何年"，也许可以形象地描述旅行者和留守地球的双胞胎兄弟间的年岁差异。《西游记》中："天上一日，地上一年"是时钟延缓效应的写照。在相对论中，年龄是时间的量度，与参照系有关，是相对的。

图 3-24　电影《星际穿越》海报　　　　图 3-25　小说《三体》封面

第六节　爱因斯坦电梯实验

一、伯尔尼专利局时期的爱因斯坦

1900 年，爱因斯坦从瑞士苏黎世联邦理工学院毕业，获得师范硕士学位，原以为会留校成为一名助教，却因为在校喜欢自由和思索的科研氛围，不太注重规矩，所以并没有被导师留下来。在导师看来，这个经常旷课的学生不具备做科学研究的素质，因此爱因斯坦成了一名失业人员。他四处求职，却经常吃闭门羹，为了维持生活不得不刊登广告招收学物理的人。有人来听爱因斯坦讲课，开始授课是收费的，后来变成了不收费的讨论会，讨论的内容也从物理学扩展到了哲学。

爱因斯坦的大学同学中有两个人欣赏他的才华，一个是学数学的格罗斯曼，另一个是他的女朋友米列娃（第一任妻子）。1902 年，格罗斯曼通过父亲的帮助为爱因斯坦找到了瑞士伯尔尼专利局三级职员的工作，如图 3-26 所示，这让爱因斯坦终于能不再为生计所迫，解决了经济问题，他的讨论会仍然持续了一段时间。在结识的朋友中有一位叫贝索的人成了爱因斯坦一生的朋友，他们一起讨论马赫哲学，这给爱因斯坦的研究带来了极大的启发。贝索也是爱因斯坦后来撰写的称为狭义相对论的论文——《论动体的电动力学》中致谢的人。

图 3-26 伯尔尼专利局时期的爱因斯坦

在伯尔尼专利局工作时的爱因斯坦是兢兢业业的，以至于在他离开多年后，专利局的事务仍会征求他的意见。专利局的工作并不繁忙，爱因斯坦便把办公椅的腿锯短，让自己可以伏于桌面专心工作。他的工作是评价专利，一般用上午半天的时间就可以完成，下午他就可以专心思索自己的物理问题。

1905 年，是爱因斯坦的光辉年，他发表了六篇文章：《关于光的产生和转化的一个试探性观点》《分子大小的新测定方法》《热的分子运动论所要求的静液体中悬浮粒子的运动》《论动体的电动力学》《物体的惯性同它所含的能量有关吗？》《布朗运动的一些检视》。总结下来在物理学的三个不同领域中，他做出了划时代意义的贡献，即光量子假设、布朗运动、狭义相对论。因此，这一年被称为"爱因斯坦奇迹年"。这一年中贡献的任何一项都足以让他获得诺贝尔物理学奖，然而由于相对论理论的创新性，思想理念的革命性，使其很难立即获得实验的验证，导致诺贝尔物理学奖并没有颁发给爱因斯坦。他一生获得的唯一一次诺贝尔物理学奖是颁给其第一篇文章，即利用光量子假设成功解释光电效应的实验现象。瑞典科学院 1922 年 12 月 10 日在致爱因斯坦的信中说："瑞典皇家科学院决定授予您去年（1921 年）的诺贝尔物理学奖，这是考虑到您对理论物理，特别是光电效应定律的工作，但是没有考虑到您的相对论与引力理论在未来得到证实之后的价值。"

历史没有忘记物理学家的伟大贡献，2005 年是联合国设立的"国际物理年"，意在纪念爱因斯坦的光辉成就诞生 100 周年。

爱因斯坦在伯尔尼专利局工作了 7 年，1909 年，苏黎世大学新设立了理论物理学副教授的职位，因此爱因斯坦辞去了专利局的工作成为苏黎世大学的副教授，这也是他的第一个全职学术职位。

1907 年，爱因斯坦开始思考引力理论。一个假想的电梯实验让他豁然开朗，如同后面爱因斯坦的自述："有一天，突破口突然找到了。当时我正坐在伯尔尼专利局的办公室里，脑子里忽然闪现一个念头，如果一个人正在自由下落，他绝不会感觉到自己有重量。我吃了一惊，这个简单的思想实验给我的印象太深了。他把我引向了引力理论……"

二、电梯实验

爱因斯坦创立了狭义相对论后，自己发现了其中存在的两个问题：首先作为"相对论"基础的惯性系无法定义。牛顿认为存在绝对空间，所有相对于绝对空间静止或匀速直线运动的参考系都是惯性系。但相对论认为不存在绝对空间。有人建议，把惯性系定义为不受力的物体在其中保持静止或匀速直线运动状态的参考系，但这里存在矛盾，一是什么叫不受力呢？各种力场的存在让物体是否受力无法定义。二是"惯性系"需要"不受力"，定义"不受力"需要"惯性系"，这在逻辑上是不能接受的循环。

爱因斯坦注意到的第二个缺陷是：万有引力定律无法纳进相对论框架。

有几年爱因斯坦致力于把万有引力定律纳进相对论框架，几经失败后，他终于认识到，相对论容纳不了万有引力定律。

在自然界中寻找严格的惯性系是不容易的，因为不受力的物体才能被作为惯性系，而这样的物体是不存在的，所以沿着这个思路是永远也不可能找到惯性系的。爱因斯坦却从另一个角度悟出了真谛。

若物体 m 在引力场中自由下落，则它受到引力 mg 作用。利用牛顿第二定律，有 $mg = ma$，所以 $a = g$，即无论物体的质量和材料的性质如何，它在引力场中的加速度始终等于引力场强度。这是引力场特有的性质。

如图 3-27 所示，假定有一自由降落的升降机，其内有一物体，则它们有共同的加速度 $a = g$，物体相对于升降机的加速度为零。若给物体一速度的话，则物体相对于升降机做严格的匀速直线运动。也就是说，在物体看来，升降机是一个严格的惯性系。若以升降机为参考系，物体受到的引力 mg 和惯性力 $-mg$，大小相等，方向相反，所受合力为零，因此牛顿定律严格成立。

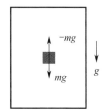

图 3-27 自由降落的升降机

若有一人站在相对地面静止的笼中，他会受到一个向下的重力 mg，使他束缚在底板上。若去掉地球，让笼子以加速度 g 向上运动，人同样会感受到一个向下的力 mg（惯性力），使他束缚在底板上。人是无法区分这两个力的，所以重力与笼子由加速度产生的惯性力是等价的。

综上所述，物体所受的引力和加速度产生的惯性力是等价的。这一结论被称为等效原理。

从牛顿力学的观点看，地面参考系是惯性系，自由降落的升降机则不是。但我们也可以认为，自由降落的升降机是惯性系，地面参考系内可以感觉到重力是它相对于惯性系有向上加速度的效果。在升降机内是无法观察到引力存在的。但是这里的升降机不能太大，因为当太大时，升降机内各点引力场将不再均匀（后面详细讲解），也就不能再作为惯性系，所以这里的惯性系应是小范围的，称为局部惯性系。

爱因斯坦理论向前推进：惯性场与引力场局域等效，即在无穷小的时空范围内，人们无法区分引力与惯性力。这就是等效原理。

爱因斯坦电梯实验清楚地表达了他的等效原理思想。设想观测者在封闭电梯里得不到任何外界消息，看到物体自由下落，下落加速度 a 与物质组成无关，如图 3-28（a）所示，他无法判断自己是下列两种情况中的哪一种：

电梯静止在一个引力场强为 a 的星球表面（如地球表面）；

电梯在无引力场的外太空以加速度 a 运动。

当观测者感到自己和电梯内的一切物体都处于失重状态时，如图 3-28（b）所示，他同样无法判断自己是下列两种情况中的哪一种：

电梯在引力场中自由下落；

电梯在无引力场的外太空中做惯性运动。

(a) 引力与加速。左边电梯静止在一个引力场强为 a 的星球表面；右边表示电梯在无引力场的外太空以加速度 a 运动

(b) 自由下落与失重。左边电梯在引力场中自由下落；右边电梯在无引力场的外太空中做惯性运动

图 3-28　爱因斯坦电梯实验

等效原理导致科学家们无法用任何物理实验区分引力场和惯性场。

然而，惯性场和引力场还是有不同之处的，它们在有限大小的时空范围内并不等效。例如，如图 3-29 所示，由于星球是球体，静置于星球表面的飞船，其内部的引力线有向星球中心汇聚的趋势，引力分布是不均匀的，即有引力梯度；而在星际空间加速的飞船，其内部的惯性力线则是平行的。只要电梯不是无穷小，探测这些力线的灵敏仪器就可以区分这两种情况。引力不能被惯性离心力完全抵消，因此会对飞船内的物体产生引力差，对物体产生撕扯效果，也就是潮汐力（Tidal Force），所以等效原理是一个局域性的原理，也就是说，引力场和惯性场仅在无穷小的时空范围内不可区分。

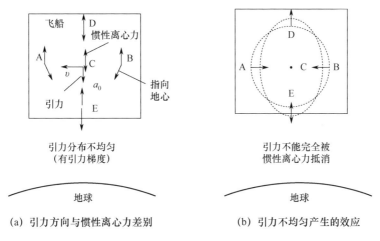

(a) 引力方向与惯性离心力差别　　(b) 引力不均匀产生的效应

图 3-29　惯性场与引力场的差别

三、由电梯实验引申的两个思想实验

1911 年，爱因斯坦根据等效原理讨论了"引力对光传播的影响"。这篇论文也是他从一个思想实验的分析中引出的。还是假设有前面那个远离一切引力的假想电梯，首先让电梯静止，从电梯的左壁射进一束光，电梯内的观察者会发现光沿直线传播射到右壁；然后让电梯向上做匀加速直线运动，电梯内的观察者的运动方向与从左壁入射的光线方向垂直向上运动，则他会发现光线向下弯曲。加速系统同引力场等效，也就是说光在引力场中传播会发生弯曲。这个思想实验不仅帮助爱因斯坦考察了引力场的特性，而且还推导出了天文观测的效应。爱因斯坦计算出光线经过太阳表面时的弧度，英国天文学家爱丁顿于 1919 年完成对全日食的观测，并证实了爱因斯坦的预言，这是广义相对论的一个著名实验预言获得完备检验的证据。

另一个引申的思想实验是关于圆盘思想的两个实验（分别是时间量度和空间

量度）。由于狭义相对论仅仅考虑惯性系，没有考虑引力场，因此狭义相对论的时空区域都是"没有引力场的区域"。如果考虑引力场，时空区域会出现什么情况呢？爱因斯坦再次通过一个巧妙的思想实验，分析了引力场中时空区域的非欧几何性质。

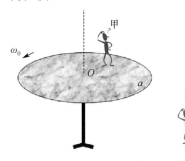

图 3-30 圆盘思想实验示意图

如图 3-30 所示，设想有一个很大的圆盘，绕圆心 O 快速地转动着。盘上有一个观察者甲，盘下有一个观察者乙。将两个在乙坐标系中同步的钟分别放置于盘心 O 点和盘边沿 a 点处。依据狭义相对论的时钟延缓效应，甲和乙都会发现 a 处的钟比 O 处的钟走得慢，因为 O 处的钟没有运动（圆心处）。旋转的圆盘是一个具有惯性离心力的加速运动系统，依照等效原理，就相当于一个圆心 O 为零的引力场，即辐射状的引力源。O、a 两处时钟快慢不同，这说明"在每一个引力场中，一个钟走得快些或慢些，要看这个钟（静止）所放位置如何。"因此要借助相对于参考物体静止放置的钟来得出合理的时间定义是不可能的。

引力场的空间性质如何呢？还是这个圆盘思想实验，甲和乙用同一标准量杆来量圆盘的直径和周长。量直径时二者得到了同一结果，原因是圆盘上的甲把量杆放在盘的直径上，同圆盘的运动方向垂直，不产生狭义相对论的尺缩效应。但是在量周长时，甲会得到比乙大的量数，因为甲的量杆放置在高速运动的盘边沿处，量杆同盘一起高速运动，依照尺缩效应，量杆会缩短，因此甲得到的量数大。也就是说，同样量的是圆盘的周长，甲量的数比乙量的数要大，欧氏几何对圆盘上的观察者不适用了，可见引力场的空间性质是非欧几何的。

爱因斯坦分析了圆盘思想的两个实验（分别是时间性质和空间性质），在《自述》中这样写道："迄今所用的，以确定的方式把坐标安置在时间空间连续区里的方法，由此失效了，而且似乎没有别的方法可让我们把坐标来这样适应于四维世界，使得我们可以通过它们的应用而期望得到一个关于自然规律的特别简明的表述。所以对于自然界的描述，除了把一切可想象的坐标系都看作在原则上是具有同样资格的，此外就别无出路了。这就要求：'普遍的自然规律是由那些对一切坐标系都有效的方程来表示的，也就是说，它们对于无论哪种代换都是协变的（广义协变）。'"

因此爱因斯坦开始寻找有效的数学工具，非欧几何、黎曼几何、闵可夫斯基四维空间等。这些数学工具的使用，使爱因斯坦的引力理论向前迈出一大步，走向了广义相对论。

四、电梯实验的伟大意义

正如爱因斯坦本人所说，电梯实验把他引向了引力理论。等效原理进一步告诉我们：当只有引力场和惯性场存在时，任何质点，不论质量大小，在时空中都会描绘出同样的曲线。自由落体实验已经表明这一点。再如，在真空中斜抛金球、铁球、木球，只要抛射的初速度和倾角相同，三个球在空间描绘出的轨迹就相同。即质点在纯引力和惯性力作用下的运动与质量、成分无关。

爱因斯坦大胆猜测，引力效应可能是一种几何效应，万有引力不是一般的力，而是时空弯曲的表现。由于引力起源于质量，因此时空弯曲起源于物质的存在和运动。

把时空几何与运动物质联系起来需要数学知识，爱因斯坦受到闵可夫斯基四维空间和张量的影响，又详细学习了黎曼几何，为创立广义相对论做好了数学准备。

黎曼天才地预言到，真实的空间不一定是平直的，如果不平直，就不能用欧氏几何来描述，必须用黎曼几何来描述。根据黎曼几何，球面上没有直线，只有短程线，即"大圆周"，如图 3-31 所示。过球面上的两点（图中的 A 点和 B 点），与球心（O 点）作一个平面，此平面在球面上截出的曲线就是"大圆周"，地球上的赤道和经线都是"大圆周"。黎曼还预测，物质的存在可能造成空间的弯曲。爱因斯坦产生了与黎曼相同的想法，1909 年，爱因斯坦（如图 3-32 所示）到苏黎世研究广义相对论，两年后到布拉格，他意识到引力必须被纳入时空结构。这样，不受任何其他作用影响的粒子才能在弯曲时空中沿着最直的可能轨迹运动。之后他与格罗斯曼（如图 3-33 所示）合作，寻找联系物质和时空几何的基本方程——场方程。到德国后，他们与希尔伯特（如图 3-34 所示）讨论，几个月后给出了广义相对论的核心方程——场方程，建立起广义相对论。

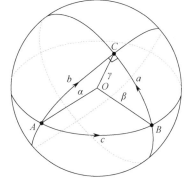

图 3-31　球面上的短程线

图 3-32　爱因斯坦　　　　　图 3-33　格罗斯曼　　　　　图 3-34　希尔伯特

新理论克服了旧理论的两个基本困难，用广义相对性原理代替了狭义相对性原理，并且包含了万有引力。爱因斯坦认为这是在原有理论上的推广，称其为广义相对论。

1913 年，爱因斯坦和格罗斯曼合写了一篇论文，他们在论文中提出了这样的思想，我们认为的引力只不过是"时空为弯曲的"这一事实的表现。然而，由于爱因斯坦的一个错误，他们未能找到将时空曲率和处于其中的质量和能量相联系的方程。最后爱因斯坦于 1915 年找到了正确的方程。1915 年夏天，当他访问格廷根大学时和希尔伯特讨论过他的思想，希尔伯特甚至比爱因斯坦还早几天独立地找到了同一方程。尽管如此，正如希尔伯特本人承认的，新理论的功劳应归于爱因斯坦：把引力和时空弯曲联系起来正是爱因斯坦的思想。爱因斯坦给出一个基本的场方程：

$$R_{\mu\nu} - \frac{1}{2} g_{\mu\nu} R = k T_{\mu\nu} \qquad\qquad (3\text{-}17)$$

式中，k 与万有引力常数 G 有关，$k = \dfrac{8\pi G}{c^4}$，其中 c 是光速，$R_{\mu\nu}$、$g_{\mu\nu}$、R、$T_{\mu\nu}$ 是张量。

张量方程不在坐标系下变换，符合广义相对性物理规律不依赖于坐标系的选择。方程实际上是由 10 个二阶非线性偏微分方程组成的方程组，非常难解。但可以精确地算出，能量（动量）的存在是如何影响到时空弯曲的。该式左端是描述时空曲率的量，右端是描述能量（动量）的量。方程的物理意义很清晰，物质告诉时空如何弯曲，如图 3-35 所示。

图 3-35　弯曲的时空

至此，物理学史上最优美且伟大的理论问世。

爱因斯坦从 1905 年开始研究万有引力；1907 年，通过电梯实验提出等效原理；1911 年，得到光线在引力场中弯曲的结论；1913 年，他与格罗斯曼一起把黎曼几何引入引力研究；1915 年，与希尔伯特讨论，之后得到场方程。对于这个伟大的发现，爱因斯坦没有掩饰自己的骄傲，他说："狭义相对论如果我不发现，5年内肯定会有人发现；广义相对论如果我不发现，50 年内也不会有人发现。"

广义相对论问世后，其实验预言被一一证实。2017 年，诺贝尔物理学奖颁给了引力波的发现者，该发现填补了广义相对论实验验证的最后一块空白。100 余年的理论与实践检验，不仅证明了爱因斯坦引力理论和广义相对论的正确性，还在人类宇宙探索等方面起到了不可估量的引领和指导作用。100 年来，人们时时从中悟出宇宙层出不穷的奥秘。直到今天，这里面还有很多内容没有被我们悟透。相对论的研究对象是超越我们日常生活的高速运动世界和广阔宇宙，这是我们难以理解相对论的主要原因。自相对论诞生之日起，它所带来的时空观革命就极大地拓展了人类对宇宙的理解。从相对论中，人们发现了时间旅行的奥秘、原子裂变的巨大能量、宇宙的起源和终结、黑洞和暗能量等奇妙现象。宇宙所有的奥秘几乎都隐藏在相对论那几行简单的公式中。

广义相对论的智慧之处就在于，它从诞生起就能描述完整的宇宙，即使那些未知的领域也被全部囊括。

五、电梯实验的实验验证

电梯实验是一个思想实验，它的伟大在于没有任何实际实验的基础，完全凭借爱因斯坦的头脑风暴与逻辑思维，还在于由此得到的理论被无数实验验证了正确性，被现代高科技利用。

2018 年，英国《自然物理学》杂志发表了一篇利用原子钟精确计时的文章，再次证明电梯实验的正确性。广义相对论的方程式预测局部各物体的惯性差异为零，美国国家标准与技术研究院（NIST）的物理学家测量了在地球绕太阳运行时，地球上不同地方的超精密原子钟之间的差异。

电梯里的所有东西都会有相同的加速度，它们的相对属性也会保持不变——零变化。这是一个被称为局部位置不变性的概念。科学家利用地球本身作为"电梯"，比较了地球上十几个原子钟的运转。在研究了近 15 年的数据之后，得到的差值是 0.00000022±0.00000025，非常接近零，这是一个创纪录的、令人难以置信的极小结果，几乎分秒不差。

物理学家表示，这个结果比之前得到的结果更接近于零，这要归功于技术的进步，特别是当今原子钟惊人的准确性，如图 3-36 所示。这些原子钟极其稳定，它们在约 137 亿年的时间里误差不超过 1000 秒。

图 3-36　超精密原子钟

不过，现在科学家需要使结果尽量更加接近理论。因此，新的原子钟在研究中，并且应该会在未来的几年里提供更精准的测量结果。

既然现在的结果已经如此接近零了，为什么还要再去测量呢？因为局部位置不变性应该是宇宙的基本属性，对局部位置不变性有更精确的测量，意味着其他一切物理数字都能变得更加精确。总之，爱因斯坦的思想实验再一次被证明是正确的。

爱因斯坦一生留下了无数宝贵的财富，我们学习他的理论，也要学习他的精神。我们有幸在和平和安全的环境中静心学习和创作，但仍要以爱因斯坦的《相对论》结尾的一段话勉励自身：

今天，这个暴风雨的时代，明亮的闪电让所有人都赤裸裸地暴露无遗。每个国家，每个人都清楚地展现出各自的目标、优缺点和热情。习惯面对环境的迅速改变已变得毫无意义，而传统却像干枯的外壳一样脱落。

这是对我们所处时代做出的评价，我们远不能就此停滞不前。我们有义务关注那些永恒而至高无上的东西，关注那些使生活富有意义的东西，并希望它们在传给子孙后代时，能够比我们从先祖那里获得的更加纯洁和丰富。

第四章

Chapter **4** / 物理学上的"四大神兽"

扫一扫

观看本章视频

　　物理学是人类科学的重要组成部分，在物理学发展的道路上，曾经出现过"四大神兽"。分别是缩地成寸的芝诺的乌龟、能知万物的拉普拉斯兽、逆转时空的麦克斯韦妖和超越生死的薛定谔猫。这些名字听起来有点玄乎，实际上是物理学家假想的四种动物，通过假设这些动物的行为，得出结论。这与当时已知的物理学理论产生一定的矛盾，难以解释和理解，但事实的真相都是不辨不明的，通过思索、讨论甚至争论、新理论产生等各种方式，在解决神兽问题的同时，物理学理论进一步向前发展。神兽的灭亡也意味着人们更加清晰明了地认识物质世界的规律。

　　芝诺的乌龟、拉普拉斯兽、麦克斯韦妖和薛定谔的猫分别对应着物理学中微积分理论、经典力学理论、热力学理论和量子力学理论的兴起和发展。从根本上讲，"四大神兽"也是物理学家的思想实验（假想实验），这些神兽的存在和行为，在物理学的演绎下奇特怪异，使人们大伤脑筋、困惑不已。但是在深入思索和反复讨论的过程中，神兽问题被逐渐解决，理论发展也更加深入。这些神兽不再是怪物，它们显得很可爱，是指路的明灯，也是物理学的"吉祥物"。如同宋代诗人王安石《江上》所写：

> 江北秋阴一半开，
> 晚云含雨却低徊。
> 青山缭绕疑无路，
> 忽见千帆隐映来。

第一节　芝诺的乌龟

图 4-1　芝诺

芝诺（Zeno，约公元前 490 年—公元前 425 年，如图 4-1 所示），古希腊哲学家。他在 2000 多年前芝诺提出一个著名的悖论：阿基里斯能赶上乌龟吗？芝诺悖论是古希腊无穷小思想的萌芽。

一、问题的提出

阿基里斯是古希腊神话中善跑的英雄人物，曾参与特洛伊战争，被称为"希腊第一勇士"。现在芝诺让这位英雄人物和乌龟举行一场赛跑。

阿基里斯的速度（即使是普通人的速度，甚至是小孩的速度）是远超乌龟的。因此，假定阿基里斯的速度是乌龟速度的 10 倍，比如阿基里斯的速度是 10m/s，乌龟的速度是 1m/s。跑前，乌龟在阿基里斯前方 100m 处。结果似乎也一目了然，在起跑 12s 后，阿基里斯已经跑了 120m，而乌龟跑了 12m，乌龟距离阿基里斯的出发点 100m+12m=112m，此时阿基里斯已经超过了乌龟。

然而，芝诺却提出了这样的狡辩。

芝诺：不对，阿基里斯永远追不上乌龟！

他人：为什么呢？

芝诺：如图 4-2 所示，以阿基里斯的出发点为原点，开始的时候，乌龟超前芝诺 100m，也就是乌龟距离原点 100m。7s 后，阿基里斯距离原点 70m，乌龟距离原点 107m。

他人：继续呢？

芝诺：10s 后，阿基里斯到达乌龟的出发点，距离原点 100m；但是乌龟跑了 10m，距离原点 110m 了，乌龟依然超前阿基里斯 10m；当阿基里斯再跑到 7s 时乌龟的位置时，是 10.7s 了，而乌龟又前进了 0.7m，依然超前。

他人：所以呢？

芝诺：我们可以一直这样说下去，也就是说每次阿基里斯跑到乌龟上一时刻的位置时，乌龟都又向前跑了一段距离，尽管超前的距离越来越小，但是永远是超前的，所以阿基里斯永远赶不上乌龟！

柏拉图：芝诺是兴之所至而开的小玩笑！

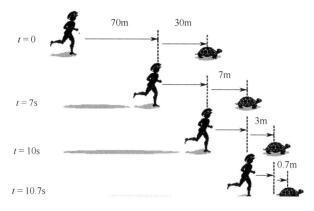

图 4-2　阿基里斯与乌龟的赛跑

柏拉图所言非虚，芝诺也当然知道阿基里斯是能追上乌龟的，但是芝诺的说法听起来确实不无道理，那么怎样才能反驳这个悖论呢？

无独有偶，我国古代哲学家庄子（如图 4-3 所示），曾在著作《庄子·天下》中写道："一尺之捶，日取其半，万世不竭。"庄子是战国中期道家学派的代表人物，这句话的意思是：一尺长的棍棒，每日截取它的一半，永远截不完。反映了道家对事物具有无限可分性的认识。

空间如此，时间也可以如此划分。比如，你有 1 小时时间，过了一半，还有半小时，过了半小时的一半，还有四分之一小时，如此说下去，你还有八分之一小时、十六分之一小时……如此下去，你的时间永远过不完，这显然是不可能的，当你过了半小时后，后面的半小时并不比前面的半小时多，时间都是均匀流逝着的，无论你将后面的

图 4-3　庄子

半小时怎么无穷尽地分下去，它流逝的速度是一样的，这里，无限可分中存在着极限求和的问题。

二、问题的解决

芝诺悖论错就错在将时间无限分割。在将时间无限分割的情况下，阿基里斯当然追不上乌龟，此时时间停滞，世界静止了。但在现实世界中，时间是不可以无限分割的，世界也不是静止的。人们将物理世界中的时间进行划分，将时间单

位划分为时、分、秒、毫秒、微秒等，但并不存在无限小的时间单位。

让我们回到数学上，使用等比数列的极限求和。

设阿基里斯的速度为 v_1，乌龟的速度为 v_2，取初始时刻 $t=0$，阿基里斯和乌龟之间的距离为 L，则跑完这段距离阿基里斯用时 $\dfrac{L}{v_1}$，此时乌龟前进的距离为 $\dfrac{L}{v_1}v_2$；阿基里斯再跑完这段距离需要用时 $\dfrac{L}{v_1}\cdot\dfrac{v_2}{v_1}$，此时乌龟又前进 $\dfrac{L}{v_1}\cdot\dfrac{v_2}{v_1}v_2$，阿基里斯再跑完这段距离需要用时 $\dfrac{L}{v_1}\cdot\dfrac{v_2}{v_1}\cdot\dfrac{v_2}{v_1}\cdots$，最终阿基里斯追上乌龟需要用时

$$
\begin{aligned}
t &= \sum \frac{L}{v_1} + \frac{L}{v_1}\cdot\frac{v_2}{v_1} + \frac{L}{v_1}\cdot\frac{v_2}{v_1}\cdot\frac{v_2}{v_1} + \cdots \\
&= \frac{L}{v_1}\sum\left[1 + \frac{v_2}{v_1} + \left(\frac{v_2}{v_1}\right)^2 + \cdots\right] \\
&= \frac{L}{v_1}\cdot\frac{1-\left(\dfrac{v_2}{v_1}\right)^n}{1-\dfrac{v_2}{v_1}}
\end{aligned}
\tag{4-1}
$$

按前面的假设，$L=100\text{m}$，$v_1=10\text{m}/\text{s}$，$v_2=1\text{m}/\text{s}$，$\dfrac{v_2}{v_1}=\dfrac{1}{10}$，$n=\infty$，则总时间为

$$
t = \frac{100}{10}\cdot\frac{1-\left(\dfrac{1}{10}\right)^\infty}{1-\dfrac{1}{10}} = \frac{100}{9}(\text{s})
$$

我们可以清晰看到，这个解法是微积分中的"极限求和"，在芝诺悖论提出整整 2000 年后由数学家莱布尼兹和物理学家牛顿分别发现，然而这个发现并没有让芝诺的乌龟彻底死去，因为单从数学的角度看，芝诺悖论的逻辑并没有错，两点之间都有无数个点，都可以分成无限多个小段。阿基里斯和乌龟的赛跑是个极限问题，即使从现代数学的观念来看，极限仍旧是个无限的、不可能完成的动态过程。也就是说，从逻辑学的角度，这个悖论依然没有完全解决。

三、后续的发展

悖论里的"无限"，指的是对一个定值的无限分割，也就是说追赶乌龟的这段

距离虽然是无限可分的，但是这些无限的部分加起来的总量却是一个定值，总长始终是一定的，即这是一种"有限"的"无限"。换句话说，阿基里斯追乌龟这件事的无限，是指在思维世界中，他要完成的步骤是无限多的；而在现实世界中，他不到 12 秒就能完成此事。

图 4-4　阿基米德

值得一提的是 2000 多年前的古希腊哲学家、数学家、物理学家阿基米德（Archimedes，公元前 287 年—公元前 212 年，如图 4-4 所示）在这个问题上也有研究，他把每次追赶的路程加起来计算阿基里斯和乌龟到底跑了多远，将这个问题归结为无穷级数求和问题，证明了虽然路程是无限可分的，但整个追赶过程是在一个有限的长度内进行的。这也是了不起的成就。数学家毕达哥拉斯、欧拉等，都没有完全破解极限问题，这让"芝诺的乌龟"定居物理帝国 2000 多年。

自量子革命以来，越来越多的物理学家认识到，空间不一定能无限可分下去，量子效应使时间和空间的连续性消失了，芝诺连续无限次分割的假设并不一定总能成立。这样一来，芝诺悖论不攻自破。量子论告诉我们，"无限分割"的概念是一种数学上的理想，而不可能在现实中实现，一切都是不连续的。

第二节　拉普拉斯兽

拉普拉斯（Laplace，1749—1827 年，如图 4-5 所示），法国数学家、物理学家。以他的名字命名的拉普拉斯变换、拉普拉斯方程、拉普拉斯算子等让他在数学和物理学史上留下了光辉的一页。

拉普拉斯在数学上的主要成就集中于概率论，他是分析概率论的创始人，应用数学的先驱。拉普拉斯变换是重要的积分变换公式，至今仍在工程数学中有重要应用，在力学系统、电学系统、自动控制系统、可靠性系统以及随机服务系统中也起着重要的作用。

图 4-5　拉普拉斯

拉普拉斯在物理学上的主要贡献在天体力学上，他把牛顿的万有引力定律引入整个太阳系，解决了木星轨道的收缩问题。另外他用拉普拉斯方程表示了液面曲率与液体表面压强之间的关系，方程中出现的偏微分算子被称为拉普拉斯算子，利用方程的解可以将复杂问题的已知简单特解组合起来，构造适用面更广的通解。

一、历史背景

牛顿创立了经典力学，1687 年，牛顿的著作《自然哲学的数学原理》问世，标志着经典力学大厦已经巍然耸立。真正让牛顿力学的光辉成就达到巅峰的是海王星的发现。海王星，西方人称 Neptune，如图 4-6 所示，是罗马神话中的海洋之神。其被人们认知和观测经历了一番曲折。

1841 年，法国天文学家勒维烈（Le Verrier，1811—1877 年，如图 4-7 所示）开始对天王星观测数据的矛盾进行研究。早在 1821 年，法国天文学家波瓦德就对天王星的轨道运动进行过反复的计算，发现天王星竟有两个不同的椭圆轨道。他认为原因一是 1781 年以前的观测资料不可靠，二是当时存在还不知道的外力影响天王星运动。波瓦德认准了 1781 年以前的资料不可靠，但后来的观测表明，天王星仍在不断地越轨。因此波瓦德的解释明显不妥。勒维烈对波瓦德的结果重新做了推算和研究。他经过非常复杂的计算，利用牛顿定律列出并解开由几十个方程组成的方程组，最后认为天王星不规则的越轨现象是由一颗未知行星的摄动造成的。英国天文学家亚当斯也做过同样的数学计算，然而他没有勒维烈幸运，天文台并没有根据他的计算看到这颗行星，或者说他求助的天文台没有尽力去观测这颗行星。

图 4-6　海王星外观图　　　　　　　　　　图 4-7　勒维烈

1846 年 9 月 18 日，勒维烈写信给德国柏林天文台的天文学家加勒（1812—1910 年），说自己从理论上算得这颗未知行星可能位于摩羯星座 d 星东方大约 5°的地方，并以每天 69 角秒的速率后退。加勒没有迟疑，立刻申请用天文台最好的望远镜对勒维烈预言的天区进行监测。他们一边观测，一边与人们以前绘制的星图进行对比，找到一个排除一个，结果在第二天凌晨，加勒和同伴达雷斯特发现了一颗星图上没有的八等星。当他们喊出："那颗星星不在星图上"时，一颗人类从未认知的新行星被发现了。夜间，他们又找到了这颗星，只是位置后退了大约 70 角秒。加勒给勒维烈复信，高兴地表示："你给我们指出位置的新行星是真实存在的。"

人们把这颗从笔尖上算出来的新行星称为海王星。海王星是唯一利用数学预测而非有计划的观测而发现的行星，人们不由得赞叹牛顿定律所显示的力量，这也是牛顿经典力学的巨大成就与完美验证。

当然，牛顿定律不是经典力学的全部。从伽利略第一次本着实证和分析相结合的原则开始用实验验证物理规律，到牛顿和莱布尼兹成功利用数学微积分实现物理规律的公式化数学化，再到拉格朗日、哈密顿等把经典力学重新表述为简单又美丽的哈密顿方程，整个经典力学的发展成为物理学发展史上的第一个黄金时期。

玻尔兹曼、麦克斯韦、吉布斯等人建立了统计力学，把热现象归结为分子运动热力学第零、一、二、三定律。定律的问世和在热机上的成功运用，标志着包含分子运动理论和热力学的热学经典理论建立。

1785 年，库仑首次定量研究电荷之间的作用力，开启了电磁学的定量研究，之后泊松、高斯等人的研究形成了完整的静电场的超距作用理论；1786 年，伽伐尼发现电流，之后伏特、欧姆、法拉第等人研究并得到了关于电流的全部定律；1820 年，奥斯特发现了电流的磁效应，之后毕奥、萨伐尔、拉普拉斯、安培等人开展定量研究，安培完成五大实验验证并计算磁效应，关于磁场的理论逐渐完善；1831 年，法拉第发现电磁感应现象，提出场和力线的概念；1834 年，楞次给出感应电流的方向；1873 年，麦克斯韦完成电磁场通论，进一步揭示电、磁之间的关系。一个个光辉的名字构建起了电磁学的雄伟大厦。

经典电磁学的另一个预言是关于电磁波的，在此之前，人们完全不知道电磁波的存在。1864 年，麦克斯韦在解自己的电磁学方程时，预言变化的电场产生磁场、变化的磁场产生电场，存在一种电磁场的波动，可以传递能量和信息。通过计算发现电磁波的传播速度和光速相同。20 多年后，赫兹验证了电磁波的存在，并且实现了跨越大西洋的远程传播。

二、神兽问世

牛顿创立了经典力学，深知其精华的拉普拉斯在 1814 年发表的著作《概率论的哲学讨论》中写道：我们可以把宇宙现在的状态视为历史的果和未来的因。如果存在这么一个智者，它在某一时刻，能够获知驱动这个自然运动的所有的力，以及组成这个自然的所有物体的位置，并且这个智者足够强大，可以把这些数据进行分析，那么宇宙之中从最宏大的天体到最渺小的原子都将包含在一个运动方程之中；对这个智者，未来将无一不确定，恰如历史一样，在它眼前一览无遗。

这个拉普拉斯假定的智者，就是拉普拉斯兽，从这句话可以看出，它能掌握全宇宙中每一个粒子的瞬时位置和速度，根据牛顿力学定律，就可以预测出未来任意时刻粒子的状态，同时也能推算出过去任意时刻粒子的状态。这个结论被称为决定论，至此，神兽问世，物理学界陷入恐慌。

一个有趣的故事是，拉普拉斯利用决定论，从数学和天体学的角度阐述了太阳系是从一团原始星云中形成的，原始星云由于运动和质点相互吸引而形成原始火球，原始火球进一步收缩，同时由于吸引和排斥的综合作用，逐渐分化形成太阳系各行星，最后构成现在的太阳系。当拿破仑问拉普拉斯为什么他的学说中没有提到他的造物主上帝时，拉普拉斯自豪地说："陛下，我不需要那个假设。"当拿破仑把这个回答告诉另一个数学家拉格朗日时，他却笑着说："这其实是一个非常省心的假设——他可以解释一切事情。"

三、经典力学带来的困惑

在经典力学理论下，如果已知一个系统现在的运动状态，人们通过构造若干微分方程，就可以精确计算这个系统未来的一切运动情况。经典力学定律简洁、优美而有效，从简单的质点和刚体运动，到大量质点构成的流体系统，从人们设计的复杂机械，到整个太阳系所有行星和彗星的运动，人们的观察结果都是在验证经典力学的正确性。

经典力学的每一个成就，都在向我们展示决定论的强大威力：我们可以计算太阳系中每一颗行星的运动，说出它们在未来几年内的运动轨迹，甚至不用经过天文观测，仅仅通过数学计算，就可以断言当时尚未发现的海王星的存在，以及它在何时出现在何处。

经典物理学把神圣的光统一到电磁之下，宇宙万物，小到分子运动、苹果落地，大到月球转动、海王星发现，再到光的本性研究等，都可以归结到几个简单的物理学定理，甚至是看不见摸不着的电磁场，人们也可以用麦克斯韦方程组进行得心应手的精确计算。

在物理学的发展中，最具戏剧性的时刻是不同现象得到高度综合的时刻，那时会突然发现，以前看起来不同的现象，只是同一事物的不同侧面而已。物理学史就是这样综合的历史，而物理学科之所以能够取得成就，主要原因就是我们能够进行综合。19 世纪物理学发展中最具戏剧性的时刻，也许是在1860 年某一天麦克斯韦把电与磁的规律和光的规律联系起来的时刻。这样一来，光的性质被部分地阐明了。光，这个司空见惯又难以捉摸的东西，是那么重要又神秘，当麦克斯韦完成他的发现后，他就可以说："只要有了电与磁，就会有光！"

这些精确的计算和伟大的成就不免使人们增长出一种科学的"傲慢"：这个宇宙体系中每一个物体的运动和发展都是可以被精准预测的。如果拉普拉斯兽的智慧足够强大，以至于在某一时刻，它可以精确获知此时组成这个宇宙中的所有粒子的状态，那么在它看来，宇宙中每一个粒子的未来都是可以精确预测的，每一个粒子都有一个注定的命运。既然每个粒子的命运都是注定的，那么这些粒子所组成的宏观事物，如石头、山水、飞禽走兽、行星、恒星、星系等，这些事物的命运也就是注定的。既然拉普拉斯兽可以准确预测出你的每一个组成部分，那么你作为整体当然也就确定了。那么，宇宙中的一切都难逃那个注定的命运。这是多么令人悲哀的结论啊！

四、神兽终结

人类并没有被恐慌打倒，在不断发展物理学理论和深入认知物质世界的规律的同时，新理论冲破了经典物理学的束缚。在一系列的思想碰撞和实验验证中，新理论逐渐被人们所接受，开始崭露头角，重新定义和解释我们的世界。

1. 热力学中的不可逆性

拉普拉斯兽的叙述中暗示过去、现在和将来包含的信息总量是不变的，或者说信息总量是守恒的，就像能量守恒一样。是这样的吗？

但热力学的发展告诉我们，如果信息守恒，或者根据现在的信息推算过去的信息，这本身就说明宇宙的演化是一个可逆过程，这和热力学第二定律认为宇宙的演化是一个不可逆的过程相矛盾。

1850 年，德国物理学家克劳修斯（Clausius，1822—1888 年，如图 4-8 所示）提出了一种表述（被认为是热力学第二定律）：

图 4-8　克劳修斯

不可能把热量从低温物体传到高温物体而不引起其他变化。

其中"其他变化"是指除高温物体吸热和低温物体放热以外的任何变化，消耗外界的功当然也属于"其他变化"。克劳修斯表述的另一种说法是：热量不可能自动由低温物体传到高温物体。制冷机可以使热量从低温物体传到高温物体，但需要外界做功，不是自动地从低温物体传到高温物体。

1851 年，英国物理学家开尔文（Kelvin，1824—1907 年）提出了热力学第二定律的另一种表述：

不可能从单一热源吸热，使之完全变成有用的功而不产生其他影响。

其中"单一热源"是指各处温度均匀并恒定不变的热源。"其他影响"是指除从单一热源吸热和对外界做功以外的任何影响。等温膨胀过程中，系统从外界吸热并全部用来对外做功，但系统的体积膨胀了，因此产生影响。

前面曾讲过第一类永动机，它的设计违反能量守恒定律，是不可能研制成功的。如果能够从单一热源吸热并全部用来对外做功，就可以设计一种不违反能量守恒定律的"永动机"。譬如若有办法不以任何代价使处于环境温度的海水温度稍微降低一点，把所释放出来的热量全部拿来做功，这就是一种永动机，因为它所提供的能源实际上是取之不尽，用之不竭的。有人估算过，地球上的海水温度每降低 1 摄氏度所释放的能量约等于 10^{14} 吨煤燃烧所释放的热量。人们把这种从单一热源吸热做功的永动机称为第二类永动机。其效率为 1。大量事实证明，热机不能只有一个热源，要使热机不断地把吸取的热量变成有用的功，就不可避免地要将一部分热量传到低温热源。所以开尔文表述又意味着：第二类永动机不可能制成。

可以证明，开尔文表述和克劳修斯表述是等价的。若违背了开尔文表述，则也必定违背克劳修斯表述；反之，若违背了克劳修斯表述，则也必定违背开尔文表述。

一个系统由某一状态出发，经过某一过程达到另一状态，如果存在另一过程，它能使系统和外界完全复原（系统回到原来的状态，同时消除系统对外界引起的一切影响），则原来的过程称为可逆过程；反之，如果用任何方法都不能使系统和外界复原，则原来的过程称为不可逆过程。

可逆过程实现的条件是：准静态过程和无摩擦。由于准静态过程和无摩擦在实际中都是做不到的，所以实际的宏观过程都是不可逆的。可逆过程只是一种理想过程。开尔文表述说明，功自发地变成热是不可逆的；克劳修斯表述说明，热量自发地由高温物体传向低温物体是不可逆的；气体体积自发地膨胀是不可逆的；两种气体自发地混合是不可逆的……这些自然现象都是热力学第二定律的反映。力学过程（如单摆），不可避免有摩擦生热，电学过程不可避免有电阻生热，这些都是不可逆的。

古人讲："落叶永离，覆水难收；欲死灰之复燃，艰乎其力；愿破镜之重圆，冀也无端。"人生易老，返老还童只是幻想；生米煮成熟饭，无可挽回。唐代诗人李白也曾哀叹："君不见，黄河之水天上来，奔流到海不复回；君不见，高堂明镜悲白发，朝如青丝暮成雪。"大量事实表明，自然现象都是不可逆的。

提出可逆过程和不可逆过程的意义在于，实际与热现象有关的一切宏观过程都是不可逆的，这就是热力学第二定律的实质。

热力学第二定律同时指明了过程进行的方向问题，因为不同的状态在所有可能状态中存在的概率是不同的，有序（或无序程度较低）状态，出现的概率很小；而无序（或无序程度较高）状态，出现的概率很大。因此，热力学第二定律的概率性被描述为：

孤立系统中，自发进行的过程，总是由概率小的状态向概率大的状态进行，或总是由有序（或无序程度较低）状态向无序（或无序程度较高）状态进行。简单地说就是，一切自然过程总是沿着无序性增大的方向进行。

孤立系统、自发变化这两个条件很重要，在外界作用下由概率大的状态向概率小的状态过渡，是完全有可能的。并且定律具有统计意义：并非相反的过程绝对不可能，只是概率小到了几乎不出现。定律只有对大量分子系统的宏观过程才成立。定律只适用于有限的时间、空间范围。因为定律本身就是有限范围内实践的总结，不能将定律推广到无限的宇宙中去（宇宙中引力将使其不均匀分布）。

克劳修斯在 1865 年首次引入熵（物理量用 S 表示）的概念来描述系统无序程度，S 是一个宏观量，状态函数。这一宏观状态与热力学概率有关，热力学第二定律告诉我们，一个孤立的系统自发的变化过程，总是从无序程度较小的状态向着无序程度较大的状态进行。因此孤立系统内发生的过程总是由熵小的状态向熵大的状态进行。或者说，孤立系统的熵总是增加的，直到它达到平衡态为止，此时熵达到最大值。这就是熵增加原理。很明显，它是热力学第二定律的另一种表述方法。

根据目前的观测，我们的宇宙是一个开放的宇宙，也就是说熵加上信息的总量是随着时间增加的，因此根据现在的信息不能完整地预测未来。

2．混沌学理论

混沌学理论源于 1963 年美国气象学家洛伦兹（Lorenz）在一篇提交给纽约科学院的论文中分析的蝴蝶效应。这位气象学家诙谐地写道：如果这个理论被证明是正确的，那么可以断言，一只海鸥扇动它的翅膀，就足以改变天气。我们把初始值的微小扰动会造成系统巨大变化的现象称为蝴蝶效应。

蝴蝶效应最常见的描述是这样一个看似荒谬的论断：在巴西亚马孙河流域热带雨林中的一只蝴蝶，偶尔扇动几下翅膀，就能在两周以后引起美国得克萨斯州产生龙卷风。原因是什么呢？

初始值的极微小扰动会带来系统的巨大变化。具体指一个动力学系统中，初始条件的微小变化能带动系统长期的巨大的连锁反应。这是一种混沌现象。当蝴蝶扇动翅膀，其运动将导致周围的空气系统发生变化，并产生微弱的气流，而微弱的气流又会引起周围空气或其他系统发生相应的变化，由此引起一个连锁反应，最终导致其他系统的极大变化，洛伦兹称它为混沌。现在我们用"蝴蝶效应"来形象比喻混沌学，核心思想就是一个不起眼的小动作却能引起一连串的巨大反应。

混沌学由此提出了天气的不可准确预报。这位气象学家制作了一个计算机程序来模拟气候的变化，并用图像来表示，恰如一只张开翅膀的蝴蝶，如图 4-9 所示，图像是混沌的，称为"洛伦兹吸引子"。可以表示任何事物发展均存在定数与变数，事物在发展过程中有规律可循，但同时也存在着不可测的"变数"，一个微小的变化都能影响事物的发展，说明其复杂性。

在经典物理学中，相空间的一条通过各点的唯一曲线可以完备地描述系统的运动。一旦曲线中的一个点由系统的现在状态确定，那么整个轨道就被永远确定了，这也是拉普拉斯兽的结果。

然而，物理系统对初始条件很敏感，也就是说两个初始状态非常接近的系统，可能因为细小的差异，使最终行为产生巨大的差异（如图 4-10 所示），以至于彼此看起来完全不相似。对于数学计算

图 4-9 洛伦兹吸引子

而言，即使有强大的计算机作为后盾，小数点后的取舍引起的误差也会在多次运算后使结果大相径庭。因此，大多数物理系统的行为是不可预言的、混沌的。系统所包含的粒子数越多，不可预言的时机也就越早到来。

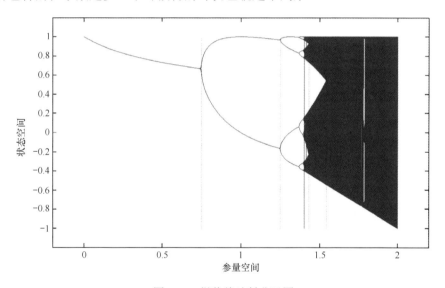

图 4-10 抛物线映射分叉图

时至今日，这一论断仍为人们津津乐道，更重要的是，它激发了人们对混沌学的浓厚兴趣。今天，伴随计算机等技术的飞速进步，混沌学已发展成一门影响深远、进步迅速的前沿科学。

天气、股票市场是难以预测的复杂系统，而随着互联网和智能时代的来临，一个微小的事件，如果没有受到正确的引导，很可能会发酵成一个重大的社会事件，甚至有可能对社会造成巨大的影响；然而反过来，如果受到正确的指引，即

使再大的困难，也会被及时化解，并一直沿正确的轨道运行下去。

心理学方面亦是如此，一件表面看起来毫无关联、非常微小的事情，却有可能对一个人的心理产生巨大的影响。尤其是在人的小时候，依照对初始条件的敏感性，极小的偏差都可能会引起结果的巨大差异，因此关心关爱青少年的心理状态，使他们健康成长，在混沌学上也是有理论依据的。

混沌学理论基本消灭了拉普拉斯兽，否定了一个可预知的未来。

3．量子力学

量子力学的兴起和发展，使人们在对物质世界的认知上掀起了一场革命。1900 年，德国物理学家普朗克（Planck，1858—1947 年）为了解释黑体辐射实验结果而提出能量量子化的概念，打响了量子力学的第一炮。量子概念刚登上物理舞台，就显示出了强劲的生命力。引用韦庄在《谒金门·春雨足》中的诗句来形容最贴切不过，"春雨足，染就一溪新绿。"1913 年，玻尔的原子理论成功解释了原子光谱的经验定律和原子的稳定性。纵然玻尔理论带有半经典色彩，却是量子概念染就的"一溪新绿"，它使人欢愉。继普朗克、爱因斯坦之后，玻尔成为挥舞量子革命的大旗的英勇旗手。20 世纪 20 年代量子力学创立以后，量子物理进入鼎盛时期。40 年代以后，重整化量子场理论兴起，量子物理又发展到新的阶段。时至今日，量子物理亦蒸蒸日上，量子概念已将许多科技领域润泽、染碧。

图 4-11　海森堡

在量子力学的理论中占据重要一席的，可以作为量子理论基础的是不确定原理，这是由德国物理学家海森堡（Heisenberg，1901—1976 年，如图 4-11 所示）提出的。

说明海森堡不确定原理，我们先从几个实验看起。首先来看子弹实验，如图 4-12 所示，用机关枪向右扫射，假设子弹从枪口射出后速度的方向有个范围，通过屏障打到墙壁上的子弹必须先通过两个小孔中的一个。通过计算子弹打到某个位置 x 的概率（在一定时间内 x 处的子弹与墙壁上总的子弹数目之比）来说明子弹的分布情况。一段时间后会发现墙壁上子弹的分布如曲线 P_{12}，它等于单独有 1 孔和 2 孔时子弹在墙上分布 P_1 和 P_2 的叠加，即 $P_{12} = P_1 + P_2$。它反映了经典粒子相遇时所满足的叠加法则。

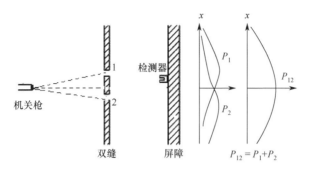

图 4-12 子弹实验

同样的装置再来看水波实验，如图 4-13 所示。用水做类似的实验，在墙壁上的各个位置装有探测器，用来探测水的强度。如果分别挡住孔 2 或孔 1，则墙壁上波的强度分布分别是 I_1 和 I_2。如果同时打开孔 1、孔 2，则波的强度分布为 $I_{12} = I_1 + I_2 + 2\sqrt{I_1 I_2}\cos\Delta\varphi \neq I_1 + I_2$，其中 $\Delta\varphi$ 是两列波在相遇点的相位差。这是我们熟知的干涉的结果，它反映了经典波相遇时满足的叠加法则。

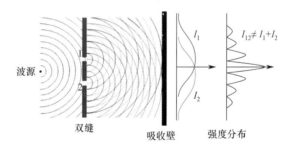

图 4-13 水波实验

最后再来做电子实验，用电子做双缝干涉实验，其干涉图形如图 4-14 所示。我们可以用两束电子射线干涉时出现明暗条纹来解释它。由于电子也具有粒子性，所以可以把一束电子线看成很多电子进行集体运动，每个电子携带相同的一

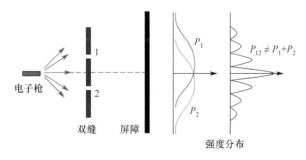

图 4-14 电子实验

份能量。所以强度表示电子数目的多少，因此，电子干涉的明暗条纹实际上是电子打到屏障上数目多少的分布，所以，图中的强度分布是"电子堆积"的结果。由于电子的能量很小，所以实验中能看到的条纹涉及非常多的电子。

现在提出这样的问题：如果电子枪发射的电子是间断的、一个一个发射的，每个电子如何运动呢？很明显，由于电子是一个独立的单元，所以它只能通过双缝中的某个孔到达屏幕。如图 4-15 所示，做跟踪电子试验，在衍射屏障后放置一光源，由于电子能散射光，因此若通过孔 2，则 A 处闪光；若通过孔 1，则 B 处闪光。这样我们就可以准确知道电子究竟从哪一孔通过，结果 $P_{12}=P_1+P_2$，不出现衍射现象，表现为粒子性。减弱光强，不能判定电子究竟从哪一孔通过时，$I_{12} = I_1 + I_2 + 2\sqrt{I_1 I_2}\cos\Delta\varphi \neq I_1 + I_2$，波动性出现。实验初期，由于到达屏障上的电子数目较少，因此只能看到一些毫无规律的点。随着电子数目的不断增加，它们在屏障上的分布就逐渐过渡成了双缝干涉的分布图样。那么，一个电子通过孔 1 或孔 2 到底落在屏障上什么地方呢？按照玻恩的想法，我们只能说：不能确定。但由于屏障各处明暗不同，因此电子落在各处的可能性不同，即落点有一定的概率分布。这一概率分布就是由波的干涉和衍射所确定的强度分布，即电子衍射的强度确定了电子到达各处的概率。因此，从这个意义上出发，电子波是概率波，它描述了电子到达空间各处的概率。

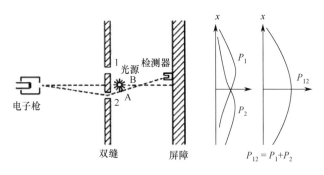

图 4-15　跟踪电子实验

仔细想想，电子衍射实验的结果是令人吃惊的。本是一个个的粒子，但它落在屏障上哪一点却是捉摸不定的、随机的。我们不能预计它一定到达哪一点，只能估计它到达这一点的可能性有多大。这个结果是由实物粒子的波动性引起的，只能由概率波来描述，也就是说，物质波是以概率的方式出现的，所以称为概率波。物质波的这种统计解释把微观粒子的粒子性与波动性正确地联系在了一起。

在经典物理学中可以同时用位置和动量来确定粒子的状态，但在微观世界中我们却做不到。基于此，海森堡提出：自然界存在着前后我们未知的基本原理局限着上述实验，即不确定关系（原理）。表述为：

如果一个粒子在 x 方向上的位置有一个不确定量 Δx（可能取值的范围），则同时它的动量在 x 方向的分量也必有一个不确定量 ΔP_x，且满足

$$\Delta x \cdot \Delta P_x \geq \frac{\hbar}{2} \tag{4-2}$$

式中，$\hbar = \dfrac{h}{2\pi}$，h 为普朗克常量。这一关系称为动量与位置的不确定关系。

需要说明的是，不确定原理指出，不论实验进行得多么精确，总不可能同时对粒子的位置和动量进行精确测量。即其物理意义为：要想使粒子位置精确（$\Delta x \to 0$），动量就非常不精确（$\Delta P_x \to \infty$），也就是说，要想准确找到粒子的位置，必须以牺牲其动量的准确性为代价；反之亦然，$\Delta P_x \to 0$，$\Delta x \to \infty$。量子力学是建立在不确定原理的基础上的，推翻了不确定原理，量子力学将陷入自相矛盾中。因此，在微观世界中，我们必须放弃许多已有的认识：只要知道环境和初始条件，就可预言要发生的事。量子力学只能预言要发生事的概率。在其他方向这个关系依然存在。

$$\Delta y \cdot \Delta P_y \geq \frac{\hbar}{2}$$

$$\Delta z \cdot \Delta P_z \geq \frac{\hbar}{2}$$

不确定关系直接来源于粒子的波动性。海森堡做了一个思想实验，假想一电子做单缝衍射实验，如图 4-16 所示。

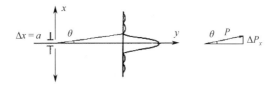

图 4-16　电子做单缝衍射实验

第一级暗纹满足 $a\sin\theta = \lambda$。其中 a 为单缝的宽度，λ 为入射光的波长，θ 为偏折角。

由于电子通过单缝时被限制在宽为 a 的范围里，因此此时电子位置的不确定量为 $\Delta x = a$。由于电子要衍射，所以通过单缝时速度方向要改变，即动量方向有

了改变。为方便起见，假定电子只到达中央亮纹内，即电子衍射后位于 2θ 的角宽度内。设电子到达单缝时动量为 P，衍射后平行于 x 方向的分量的不确定量为

$$\Delta P_x = P\sin\theta$$

因此，有

$$\Delta x \cdot \Delta P_x = \frac{\lambda}{\sin\theta} \cdot P\sin\theta = \lambda \cdot \frac{h}{\lambda} = h$$

由于电子也可能达到 2θ 以外，实际上动量的不确定量会更大，所以有

$$\Delta x \cdot \Delta P_x \geqslant h$$

上述过程仅是简单的说明，更为严格的推导结果是 $\Delta x \cdot \Delta P_x \geqslant \frac{\hbar}{2}$。实际上 $\Delta x \cdot \Delta P_x$ 究竟是 h 还是 $\frac{\hbar}{2}$ 并不重要，重要的是它不小于一个具有 h 数量级（$10^{-34}\,\text{J}\cdot\text{s}$）的常量。宏观粒子也应满足不确定关系，但由于其波动性不太显著，所以观察不到。

不确定原理颠覆了人们的三观，一个"因"不一定引起确定的"果"，我们就更无法谈论确定本身了，尽管宏观和微观存在差别，但无论如何，决定论是完全无法立足的，经典定理仅仅是量子力学在宏观世界的必然体现而已。

第三节　麦克斯韦妖

麦克斯韦（Maxwell，1831—1879 年，如图 4-17 所示），英国物理学家、数学家，经典电动力学的创始人，统计物理学的奠基人之一。前文我们讲过麦克斯韦在物理学更负盛名的是他的电磁学方程，奠定了经典电磁学大厦。其实麦克斯韦在热力学、统计力学上也有卓越的贡献。

麦克斯韦在研究热力学时，提出了假想的麦克斯韦妖。让人始料未及的是麦克斯韦妖在物理学的发展中扮演了相当重要的角色，不但以鲜明的图像澄清了热力学第二

图 4-17　麦克斯韦

定律的一些疑团，还指出了熵与信息之间的联系，成为信息论学科的先导。在生命学科的发展之中，麦克斯韦妖同样大展宏图。

一、麦克斯韦气体速率分布函数

1859 年，麦克斯韦在他的论文《气体动力理论的说明》中，用概率论证明了在平衡态下，理想气体的分子按速度的分布是有确定规律的，这个规律现在称为麦克斯韦速率分布律。当时分子还是一种假说，热力学系统达到平衡态时，就某一个分子而言，由于不断受到碰撞，它的速率是千变万化的。这个时刻是 $100\text{m}/\text{s}$，下一时刻就可能是 $1000\text{m}/\text{s}$ 或 $0.001\text{m}/\text{s}$。它的速率可取 $0\sim\infty$ 之间的任何值，某时刻的速率完全是偶然的，下一时刻的速率也是不可预知的。麦克斯韦发现对大量分子的整体，其速率分布却满足确定的统计规律。他从理论上得出了气体速率分布函数 $f(v)$ 的具体形式。处于平衡态下的理想气体速率分布函数为

$$f(v) = 4\pi\left(\frac{m}{2\pi kT}\right)^{3/2} e^{-\frac{mv^2}{2kT}} v^2 \qquad (4\text{-}3)$$

式中，m 为分子的质量，k 为玻尔兹曼常数，T 为温度，v 为分子的速率。

物理意义表示速率在 v 附近单位速率间隔内的分子数占总分子数的比例，分布曲线如图 4-18 所示。

1920 年，斯忒恩第一次对该分布进行了实验验证，后来许多人对此实验进行改进。1934 年，我国物理学家葛正权测定了铋（Bi）蒸气分子的速率，实验结果与麦克斯韦速率分布基本符合。1955 年，密勒和库士对麦克斯韦速率分布做出了高度精确的实验证明。这里仅介绍朗缪尔实验，其装置简图如图 4-19 所示。全部装置放于高真空的容器中。图中 A

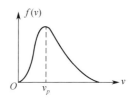

图 4-18 分布曲线

是一个恒温箱，箱中为待测的金属（如水银、锡等）蒸气，即分子源。分子从 A 上小孔射出，经定向狭缝 S 形成一束定向的分子射线。D 和 D' 是两个可以转动的共轴圆盘，盘上各开一条狭缝，两缝错开一个小的角度 θ（约 2°）。P 是接收分子的屏。当圆盘转动时，圆盘每转一周就有分子射线通过 D 盘上的狭缝一次。但是由于分子速率的大小不同，自 D 到 D' 所需的时间也不同，所以并非任意速率的分子都能通过 D' 上的狭缝而到达 P。设圆盘转动的角速度为 ω，两盘间的距离为 l，分子速率为 v，自 D 到 D' 所需的时间为 t，则只有满足 $v = \omega l/\theta$ 的分子才能达到 P（因此这种装置可用作微观粒子的速率选择器）。这样，只要改变旋转角速度 ω，

就可以从分子束中选出不同速率的分子。更确切地说，因为凹槽有一定宽度，故所选择的不是恰好某一确定的速率，而是某一速率范围 $v \sim v + \Delta v$ 内的分子数。在接收屏上安装能测出单位时间内接收到的分子数 ΔN 的探测器，就可利用这种实验装置测出分子束中速率从零到无穷大范围内分子按速率的分布情况。实验结果曲线如图 4-20 所示，与麦克斯韦速率分布完美吻合。

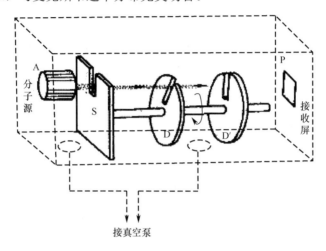

图 4-19　朗缪尔实验装置简图

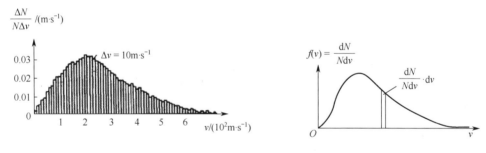

图 4-20　朗缪尔实验结果曲线

二、玻尔兹曼熵

前文我们讲了热力学第二定律和熵增加原理，为了更准确地定义熵，我们先来讲述一下热力学第二定律的概率性描述。首先考察气体的绝热自由膨胀过程。设有一容器被隔板分成相同的两部分，一边充满气体，一边抽成真空，如图 4-21 所示，下面讨论将隔板抽掉后，容器中气体分子的分布情况。

为了便于理解，我们先来看系统只有 6 个分子时的情况，如表 4-1 所示。

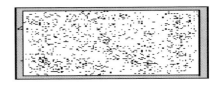

图 4-21 容器中气体分子的分布情况

表 4-1 6 个分子的位置分布

宏观状态	左侧分子数	6	5	4	3	2	1	0
	右侧分子数	0	1	2	3	4	5	6
微观状态	对应微观状态的个数 Ω	$C_6^0=1$	$C_6^1=6$	$C_6^2=15$	$C_6^3=20$	$C_6^4=15$	$C_6^5=6$	$C_6^6=1$
	总 计	$\sum_{i=0}^{6} C_6^i = 2^6 = 64$						
微观状态出现的概率		$\dfrac{1}{64}$	$\dfrac{6}{64}$	$\dfrac{15}{64}$	$\dfrac{20}{64}$	$\dfrac{15}{64}$	$\dfrac{6}{64}$	$\dfrac{1}{64}$

从表 4-1 中还可以看出，与每一种宏观状态对应的微观状态数是不同的。在表 4-1 中，左、右两侧分子数相等或差不多相等的宏观状态所对应的微观状态数相对多，但在分子总数少的情况下，它们占微观状态总数的比例并不大。计算表明，分子总数越多，则左、右两侧分子数相等和差不多相等的宏观状态所对应的微观状态数占微观状态总数的比例越大。对实际系统（假设是 1 摩尔气体）来说，这一比例几乎是百分之百。

气体分子全部回到左侧的宏观状态所对应的微观状态数占微观状态总数的比例仅为 $\dfrac{1}{2^{N_A}} = 2^{-6.02 \times 10^{23}}$（微观状态总数为 $\sum_{i=0}^{N_A} C_{N_A}^i = 2^{N_A}$），概率如此之小，是难以实现的。

统计物理有一个基本假设：对于孤立系统，各个微观状态出现的可能性（或概率）是相同的。我们定义：任一宏观状态所对应的微观状态数称为该宏观状态的热力学概率，并用 Ω 表示。这样，对应微观状态数目多的宏观状态出现的概率就大。实际上最可能观察到的宏观状态就是热力学概率最大的状态，也就是微观状态数最多的宏观状态。对上述容器内封闭的气体来说，也就是左、右两侧分子数相等或差不多相等时的那些宏观状态。对于实际上分子总数很多的气体系统来说，这些"位置上均匀分布"的宏观状态所对应的微观状态数几乎占微观状态总数的百分之百，因此实际上观察到的总是这种宏观状态——平衡态。对孤立系统，平衡态是对应于微观状态数 Ω 最大的宏观状态。若系统最初所处的状态是非平衡态，系统将随着时间的延续向 Ω 增大的宏观状态过渡，最后达到平衡态。气体的自由膨胀过程从微观上说，就是由包含微观状态数目少的宏观状态向包含微观状态数目多的宏观状态进行的过程。

孤立系统中自发进行的过程，总是由热力学概率小的宏观状态向热力学概率大的宏观状态进行的。这就是热力学第二定律的概率性表述。用物理学家吉布斯的话说就是："未经补偿的熵之减小的不可能性，已归结为概率极其小。"

由于自然过程总是沿着使分子运动更加无序的方向进行的，同时也是沿着使系统的热力学概率增大的方向进行的，因此热力学概率是分子运动无序性的一种量度。平衡态是在一定条件下系统内分子运动最无序的状态。

1877 年，玻尔兹曼（Boltzmann，1844—1906 年，如图 4-22 所示，热力学和统计物理的奠基人之一）引用由下式定义的状态函数熵 S 来表示系统无序性的大小：

$$S \propto \ln \Omega$$

式中，Ω 为宏观状态的热力学概率。1900 年，普朗克引进玻尔兹曼常数 k 作比例系数，把它写成

$$S = k \ln \Omega \tag{4-4}$$

式（4-4）称为玻尔兹曼关系。由玻尔兹曼熵的定义，可知系统的熵反映了这一宏观态所对应的微观态数目的多少，微观态个数多少又反映系统无序程度（混乱度）的大小，所以熵在微观意义上代表系统内分子热运动的混乱程度，是系统无序程度的量度。

玻尔兹曼是奥地利首屈一指的物理学大师，以玻尔兹曼名字命名的常数 k，是热力学最重要的常数。他作为统计物理的伟大奠基者，是当时物理学正处在重大转型历史时期的关键性人物，是 19 世纪的麦克斯韦和 20 世纪的爱因斯坦之间的接传棒人。他对物理学的发展做出了不朽的功绩，诚如劳厄所说"如果没有玻尔兹曼的贡献，现代物理学是不可想象的。"

图 4-22 玻尔兹曼

位于奥地利首都维也纳的中央公墓因安葬了莫扎特、海顿、贝多芬、舒伯特和施特劳斯父子（小约翰·施特劳斯、老约翰·施特劳斯、约瑟夫·施特劳斯）等 20 多位世界著名的音乐家、作曲家而闻名于世。玻尔兹曼的墓碑也在这里，如图 4-23 所示，墓碑上就刻有玻尔兹曼熵公式。

图 4-23　维也纳公墓中玻尔兹曼的墓碑

一个孤立系统中的自发过程总是向无序程度（混乱度）增加的方向进行的，因而孤立系统中的自发过程正是熵增加的过程。一切自发的不可逆过程总是从非平衡趋向平衡的过程，达到平衡态时过程停止，熵也达到最大。可见处于一定条件下的平衡态对应着熵最大的状态。

综上所述，孤立系统内的自发过程总是沿着熵增加的方向进行的，这就是熵增加原理。很明显，熵增加原理是热力学第二定律的一种表述方法，其数学表示为

$$\Delta S > 0 \tag{4-5}$$

"熵"无处不有，一桶水，一块铁，任何宏观物质都有熵，熵也可以在过程中产生和传递。一块玻璃打碎了，熵增加了。摩托车在大街上急驰而过，喷出的烟污染了环境，也产生了熵。自古以来，总有人眷恋人生，希望能找到长生不老或返老还童的"仙丹"，这是违反熵增加原理的，因此是不可能的。

三、热寂说的灾难

1854 年，克劳修斯由热力学第二定律推理得到一个结论：整个宇宙的未来，将达到热平衡状态。这就是"热寂说"。热寂说预言，宇宙万物发展的总趋势是从复杂到简单，从有序到无序，从非平衡到热平衡，并将从此陷入永恒的最混乱的热平衡态。那时，能量将不能再被利用，宇宙也变成死亡状态。

热寂说的结局固然令人懊恼。但令人不解的是，为什么现实的宇宙并没有达到热寂状态。长期以来，人们总认为宇宙基本上是静止的，它在时间上是永恒的，似乎早该处于热寂状态了，但事实并非如此。

由于热寂说在感情与理智上都给人以强烈的冲击，因此克劳修斯被很多人批驳。

在批驳热寂说的观点中，对后世影响较大的有以下几种：

（1）1872 年，玻尔兹曼的涨落说。玻尔兹曼认为，宇宙的局部可以有较大的涨落，在那里有时宇宙的混乱度不仅没有增加，反而会减少。这种说法有一定的吸引力，但缺乏事实根据。

（2）1875 到 1876 年间，恩格斯在《自然辩证法》中写道："运动的不灭不能仅仅从数量上去把握，而且还必须从质量上去理解。"根据这一原则，他有如下信念："放射到太空中的热一定有可能通过某种途径（指明这一途径，将是以后自然科学的课题）转变为另一种运动形式，在这种运动的形式中，它能够重新集结和活动起来。"

（3）有些人认为宇宙是无限的，不是封闭的，因而不能把热力学第二定律推广到整个宇宙。这种观点在我国比较流行。

（4）还有人认为，如果热寂说成立的话，那么最初的有序的、复杂的宇宙来源于哪里？必有上帝创造。

分析以上的批驳，我们总感到说服力不强，缺乏根据，没有真正解决问题。现在看来，有的说法连前提也未必成立。如对宇宙是否无限做出科学的结论，为时过早。那么，热寂说的症结何在呢？

热寂说的症结在于它忽视了引力，它把宇宙看成是一个静态的系统，而实际上，在引力作用下，宇宙是一个动态的、不断膨胀的系统。

由于宇宙膨胀的模型是基于引力相互作用的，因此考虑了引力的作用之后，就避免了热寂说的结局。

在引力作用下的宇宙，它的热容量是负的。具有负热容的系统是不稳定的，它没有平衡态，不能把通常的热力学第二定律用于其上。对于引力系统，密度均匀并不是概率最高的状态。宇宙中的物质凝结成团块（星系、恒星等）的过程中，引力势能转化为动能。从均匀到不均匀，位形空间里的分布概率减小了，但温度上升，速度空间里的分布概率增大了。两者相抵，总概率是增大了，而不是减小了。这就是说，天体的形成是引力系统中的自发过程，它的混乱度是增加的。由于不存在平衡态，混乱度没有极大值，所以其增加是无止境的。

总之，膨胀的宇宙和负热容的引力系统以出乎前人意料的形式解开了热寂说的疑团，展现出全新的一面：宇宙早期是处于热平衡的高温高密状态，从这一单调的混沌状态开始，在膨胀的过程中一步步发展出越来越复杂的多样化结构。于是，在微观上形成了原子核、原子、分子（从简单的无机分子到高级的生物大分子），宏观上演化出星系团、星系、恒星、太阳系、地球、生命，直至人类这样的智慧生物和越来越发达的社会。古埃及神话中的凤凰鸟焚身于烈火之后，从自己的灰烬中再生，这是当代宇宙的精彩写照。宇宙不但不会死，反而从早期的"热寂"状态下生机勃勃地复生。固然，当今的宇宙学尚不能准确地预卜宇宙的结局，但是热寂说终于作为历史的一页被放心地翻了过去。

四、神兽问世

为了反驳热寂说，麦克斯韦设想了一个无影无形的精灵，它单凭观察就能通晓所有分子的轨迹和速度，但除了开关一个小孔，不能做功。麦克斯韦在 1871 年把这个设想写进了《热的理论》这本教科书中，书中这样阐述：

热力学所确定的最可靠的事实之一在于，一个封闭于容积不变而且不导热的罩壁之中的系统，温度和压力处处保持均匀。如果不做功的话，不可能产生温度或压力的不均匀性，这就是热力学第二定律。如果我们只和大量的物质打交道，而无法辨识或处理组成它的个别分子，这无疑是正确的。但如果我们设想一个生灵，其感官敏锐到足以追踪每一个运动中的分子，那么这一生灵，虽其本领和我们一样有限，但将能做到我们做不到的事情。因为我们已经注意到在处于等温状态装满空气的器皿之中，分子运动的速度并不均一，虽然任取大量分子的平均速度是均一的。现在我们设想容器分为 A 和 B 两部分，在器壁上留一小孔，而一个能看到单个分子的生灵开关这一小孔，只令快速的分子从 A 进入 B，慢速的则从 B 进入 A。这样无须做功就使 B 的温度升高，A 的温度降低，与热力学第二定律产生了矛盾。

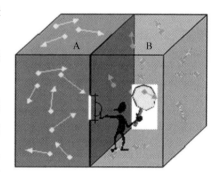

简单地说，如图 4-24 所示，有一个能清楚看到分子运动的小精灵，守护在 A 和 B 之间的小门处，当左室 A 的分子向右室 B 运动时，只允许速度较快的分子从 A 进入 B，此时它打开小孔，速度较慢的分子从 A 进入 B，它关闭小

图 4-24　麦克斯韦妖

孔；反过来，当右室 B 的分子向左室 A 运动时，速度较慢的分子从 B 进入 A，此时它打开小孔，速度较快的分子从 B 进入 A，它关闭小孔。经过一段时间后，不用做功，B 的温度将升高，A 的温度将降低，违背了热力学第二定律。

这个小精灵被称为麦克斯韦妖，麦克斯韦妖让热寂说灭亡，也指出了热力学第二定律的局限性，并用一个假想实验阐明它只具有统计上的可靠性。从此，麦克斯韦妖堂而皇之地闯进了物理学的殿堂，受到物理学家的关注，时至今日仍热度不减，成为物理学形象思维的一个典范。

五、降妖伏魔

麦克斯韦妖提出后不久，开尔文就指出麦克斯韦妖具有三方面的特征：生气勃勃、尺寸微小和智能性，但只在纯物理学中大有用途，没有生物学上的研究意义。

麦克斯韦妖的高明之处在于能使系统的熵减少。人们意识到要做到这一点，麦克斯韦妖必须取得分子的位置、速度方向、大小的详细信息，并能记忆信息。麦克斯韦妖要看清分子，必须用另一束光照射分子。被分子散射的光子落入麦克斯韦妖的眼睛，这一过程涉及热量从高温热源到低温热源的不可逆过程，导致系统熵增加。麦克斯韦妖操纵分子，使快慢分子分离，系统熵减少，但总效果熵增加。

当麦克斯韦妖接收到有关分子的运动信息之后，再通过操纵小门来使快的和慢的分子分离，来减少系统的熵。操纵小门可以减少系统的熵，但是获得的信息会使系统的熵增加，就数量而言，总过程的熵还是增加的。20 世纪，贝尔实验室的电气工程师香农和布里渊在通信理论中，将熵和信息联系在一起。香农发表了一系列信息的数学理论，提出信息熵的概念。布里渊认为，有关熵减少的过程，是由于信息对麦克斯韦妖的作用引起的，故信息应视为系统熵的负项，即信息是负熵。正是由于负熵的作用，才使系统熵减少，但若包括所有过程，总熵依然是增加的。这充分说明，麦克斯韦妖只能而且必须是一个可以从外部引入负熵的开放系统，正因为此，它并不违背热力学第二定律。因此，信息论的问世一定程度上宣告了麦克斯韦妖的灭亡。

麦克斯韦自己也没想到，一个假想的小生灵把信息和熵联系起来，使我们认识到信息的本质，明确了信息与熵的定量关系。同时，信息的获得是吸取外界的负熵，生命过程就是不断吸取环境的负熵来补偿自身内部熵的，这让麦克斯韦妖与能量和能源也联系在了一起，正应了开尔文的评价：麦克斯韦妖的特征就是生机勃勃。

六、信息与熵

当代的社会是信息社会，什么是信息呢？信息就是进行传递或交流的一组语言、文字、符号或图像。

在人类社会中，信息与物质、能量一样，有其重要的地位，是人类赖以生存发展的基本要素。因此，了解信息，掌握信息，懂得如何充分有效地利用信息也变得非常迫切。

1948 年，现代信息论的创始人香农，摆脱了具体语言和符号系统的限制，撇开了事件发生的时间、地点、内容，以及人们的情感和对事件的反应，而只顾事件发生的状态数目及每种状态发生的可能性，从概率的角度给出了信息量的定义。

通常，事物具有各种可能性，最简单的情况是具有两种可能性，如是和否、黑和白、有和无、生和死等。现代计算机普遍采用二进制，数据的每一位非 0 即 1，也是两种可能性，在没有信息的情况下每种可能性的概率都是 1/2。在信息论中，把从两种可能性中做出判断所需的信息量称为 1bit，这就是信息量的单位。从四种可能性中做出判断需要多少信息量？让我们来看一个两人玩的小游戏。甲从一副扑克牌中随机抽出一张，让乙猜它的花色，规则是允许乙提问题，甲只回答是与否，看乙能否在提出最少问题的情况下猜中。这个问题中，最科学的问法应该是这样的：是黑的吗？是桃吗？得到这两个回答后，乙一定会猜中答案。因为得到其中的一个答案后，乙就只面对两种可能性，再问一个问题就足以使他获得所需的全部信息。所以，从四种可能性中做出判断需要 2bit 的信息量。以此类推，从八种可能性中做出判断需要 3bit 的信息量，从十六种可能性中做出判断需要 4bit 的信息量……一般来说，从 N 种可能性中做出判断需要的信息量（比特数）为 $n = \log_2 N$。换成自然对数，则

$$n = K \ln N \tag{4-6}$$

式中，$K = 1/\ln 2 = 1.4427$。在对 N 种可能性完全无知的情况下，根据等概率原理，N 种可能性中任一种情况出现的概率 P 都是 $1/N$，有 $\ln P = -\ln N$，即这时为做出完全的判断所需的信息量为

$$n = -K \ln P \tag{4-7}$$

香农把所需的信息量称为信息熵，即信息熵定义为

$$S = -K \ln P \tag{4-8}$$

热力学熵表示分子状态的无序程度，它被定义成该宏观状态下对应的微观状态数的对数值，即 $S = k \ln \Omega$，而该宏观状态出现的概率 $P = \Omega / N$（N 为所有微观状态的总数），因此有 $S = K' \ln P$。可见，信息熵与热力学熵有类似之处，它们

的定义只差一个常数。

以上是各种可能性概率相等的情况。天气预报员说，明天有雨，这句话给了我们 1bit 的信息量。如果她说有 80% 的概率下雨，这句话包含了多少信息量？对于这种概率不等的情况，信息论中给出的信息熵的定义是

$$S = -K \sum_{a=1}^{N} P_a \ln P_a \qquad (4\text{-}9)$$

此式的意思是，如果有 $a = 1, 2, 3, \cdots, N$ 等 N 种可能性，各种可能性的概率是 P_a，则信息熵等于各种情况的信息熵 $-K \ln P_a$ 按概率 P_a 的加权平均。

令 $a = 1$ 和 $a = 2$ 分别代表下雨和不下雨的情况，则 $P_1 = 0.80$，$P_2 = 0.20$，由式（4-9）知信息熵为

$$S = -K(P_1 \ln P_1 + P_2 \ln P_2) = -\frac{1}{\ln 2}(0.80 \times \ln 0.80 + 0.20 \times \ln 0.20) = 0.722$$

即比全部所需信息（1bit）还少 0.722 bit，所以预报员的话所包含的信息量只有 0.278 bit。同理，若预报员的话改为明天有 90% 概率下雨，则依上式可算出信息熵 $S = 0.469$，从而这句话含信息量 $I = 1 - S = 0.531$。可见，信息熵的减少意味着信息量的增加。在一个过程中 $\Delta I = -\Delta S$，即信息量相当于负熵。信息量所表示的是体系的有序度、组织结构复杂性、特异性或进化发展程度。这是熵（无序度、不定度、混乱度）的矛盾对立面，即负熵。获得信息量（即给系统适当的负熵流）会使系统变得更有序、更有组织，因而从系统的有序化和自组织的需要来说，最直接的方法是获得负熵流来减少熵。

七、麦克斯韦妖的新生机

法国数学家庞加莱曾说过："只有如麦克斯韦妖这样拥有无数敏锐的感官的存在物，才能梳理这团乱麻，并扭转宇宙不可逆的走向。"这句话有深层的含义，不仅是物理学本身，而在于由此引申到了信息、能源、耗散结构理论、企业管理、国家开放与封闭的国策等各方面。

1. 耗散结构理论

热力学第二定律告诉我们随着时间的流逝，熵是在不断增加的，系统从有序走向无序。但在生物与社会的进化中，我们看到的是从无序到有序，从简单到复杂，这些现象表面上看与热力学第二定律不符合。针对这一矛盾，普里高津（Prigogine，1917—2003 年，如图 4-25 所示）继承了他的老师柏格森把时间看成

单一方向的思想，认为"生物进化"和"社会进化"是一致的。普里高津注意到热力学第二定律指出的熵增加原理针对的是孤立系统或绝热系统，即不与外界发生热量交换的系统，但在研究生物体的生命机能时，应该注意到生物体、社会系统都是开放的系统，与外界有熵的交换。普里高津以此为出发点，提出了"耗散结构理论"。

普里高津是比利时布鲁塞尔自由大学教授，世界著名的物理学家，耗散结构理论的创始人。曾担任比利时皇家科学院院长。著有《非平衡系统中的自组织》《从存在到演化》《新的同盟——变化中的科学》等。他于 1969 年提出了著名的耗散结构理论：

图 4-25　普里高津

一个远离平衡态的非线性的开放系统（不管是物理的、化学的、生物的乃至社会的、经济的系统）通过不断地与外界交换物质和能量，在系统内部某个参量的变化达到一定的阈值时，通过涨落，系统可能发生突变（非平衡相变），由原来的混沌无序状态转变为一种在时间上、空间上或功能上的有序状态。这种在远离平衡的非线性区形成的新的稳定的宏观有序结构，由于需要不断与外界交换物质或能量才能维持，这种结构被称为"耗散结构"。

耗散结构理论问世以后，被运用于研究物理、化学、生物、地学、医学、农学、工程技术，甚至哲学、历史、教育、文艺和经济等，都取得了一定的成功，为此普里高津于 1977 年荣获诺贝尔化学奖。

2．熵增加与能源危机和生态文明

孤立系统熵增加是个概率问题，熵增加也是能量退化的量度，因此熵增加也称能量退化原理。高温热源上取的热量较低温热源上取的热量的可利用程度更高，或者说能"质"较高。因此高温热源的热量自动流失到低温热源上，会使能"质"降低，造成可用能的浪费。

自然界一切过程中的能量都在不断退化，即在不断地变成不能用来做功的无用能，这是熵增加的必然结果，必将引起能源危机，人类对熵增加原理带来的消极后果应高度关注。

经济发展的需要促进了科技进步，科技进步带来新产品，新产品引导消费又促进了经济发展。这似乎是一个良性循环，但我们忽视了每一步都存在着熵增加，循环越快，熵增加越快。经济过程包含生产过程、流通过程、消费过程。流通过程中，机械运输会产生废气废热，消费过程中会产生废弃物等，都会导致熵急剧增加。

因此熵增加也带来了社会问题，如臭氧层破坏、癌症病人增多、空气污染、温室效应等。

另一个社会问题就是全球熵增加是不均衡的。部分发达国家可能将污染严重的钢铁、印染、化工等工业生产转移到发展中国家，甚至将熵值高的废电器、垃圾、核废料等运往他国，实施侵略。

3. 量子计算的新技术

宾夕法尼亚州立大学的物理学家用一种新方式实现了更加神奇的麦克斯韦妖，这只妖不是一个一个地观察原子，而是一次性地观察了所有的原子，这种方法使他们获得了创纪录的低温，将一群处于很冷很冷的原子变得更冷，这种方法可用来实现量子计算。

因此麦克斯韦妖不仅促进了热力学的发展，还由此促进了热力经济学、信息熵、耗散结构理论等的产生与发展，指导人们在经济、生活、信息等各个领域中更加科学而有效地实施管理。

第四节　薛定谔的猫

薛定谔（Schrödinger，1887—1961 年，如图 4-26 所示），奥地利物理学家，量子力学的奠基人之一，因为发现了薛定谔方程，可以用来求解微观粒子的波函数，从而确定微观粒子的状态和出现的概率，于 1933 年获得诺贝尔物理学奖。

图 4-26　薛定谔

一、历史背景

1900 年，德国物理学家普朗克首次提出了能量量子化的概念；1905 年，爱因斯坦发表《关于光的产生和转化的一个试探性观点》，解释了光电效应的实验规律，提出光的波粒二象性观点。1924 年，德布罗意提出实物粒子也必然具有波动性。

1925 年年底，德布罗意的论文到了瑞士苏黎世联邦理工学院德拜教授的手里，这篇文章的内容看起来很简洁，却有着崭新的观念。其中一个最直观的问题是，既然物质具有波动性，总要有个波动方程吧？那时，机械波和电磁波的波动方程都已知晓，机械波的标准形式为

$$\frac{\partial^2 y}{\partial x^2} = \frac{1}{v^2} \cdot \frac{\partial^2 y}{\partial t^2} \tag{4-10}$$

方程代表了机械波在波动过程中，任意位置 x 处质点在任意时刻 t，偏离自己平衡位置的位移 y 与位置 x 和时间 t 的关系。

德拜将这篇文章给了一起参加学术讨论的薛定谔，请薛定谔看看，并在下次讨论会上讲出来。薛定谔度假了一个月，回来时拿出了另一个方程：

$$i\hbar \frac{\partial \Psi}{\partial t} = \hat{H}\Psi \tag{4-11}$$

这个方程被称为薛定谔方程。方程式中，i 是数学中的虚数；t 是时间；$\hbar = \frac{h}{2\pi}$ 是个常数；$\hat{H}$ 是哈密顿量，为系统的动能和势能之和，之后改进为哈密顿算符；Ψ 是物质波的波函数，将微观粒子所处的外部条件带入薛定谔方程中，可以求得这个波函数。

量子力学研究就是建立在实物粒子具有波动性的基础上的，波函数概念提出后，我们不是研究微观粒子的准确位置，而是研究其位置与状态的概率性，这才有了波动力学。

二、神兽问世

Ψ 是物质波的波函数，这个波函数本身不具备物理意义，体现在波函数模的平方代表了微观粒子某时刻在某位置出现的概率密度。

前文我们讲过不确定原理提出时的几个实验，从双缝干涉中我们已经看到，在我们不观察光子时，它以一种波动的形式在空间传播，满足下面的条件：

它的概率同时弥散在空间各处；它可以叠加；它以薛定谔方程的规则传播、演化；它的一切性质，如波长、频率、相位等可以严格地由薛定谔方程计算出来；它可以同时穿过两条缝隙，然后自己与自己叠加，发生干涉。

然而，当我们观察它时，却总是只看到出现在空间中一个位置的粒子，满足如下的条件：

它是一整个的、离散的、不可分割的；它不会同时出现在空间各处，不会分裂成几个"碎片"，它有着粒子的性质，它有能量，正比于频率；它有动量，反比于波长，但是我们无法同时确定它的位置和动量，位置越确定，动量就越不确定；它当然不可能同时穿过两个缝隙，也不可能自己与自己叠加。

那么，到底是什么，使得粒子在这两种怪异的、互不相容的性质之间来回切换？

微观粒子具有波动性，对微观粒子的描述只能用概率的分布，薛定谔因此做了一个思想实验，如图 4-27 所示，1935 年，薛定谔在论文中写道："实验者甚至可以设计出荒谬可笑的场景。把一只猫关在一个封闭的铁容器里面，并且安装以下仪器（注意必须确保仪器不被容器中的猫直接干扰）：在一台盖革计数器内置入极少量放射性物质，在一小时内，这个放射性物质至少有一个原子衰变的概率为 50%，它没有任何原子衰变的概率也同样为 50%；若衰变事件发生了，则盖革计数管会放电，通过继电器启动一个榔头，榔头会打破装有氰化氢的烧瓶。经过一小时，若没有发生衰变事件，则猫仍旧存活；否则发生衰变，这套装置被触发，氰化氢挥发，导致猫随即死亡。用以描述整个事件的波函数竟然表达出了活猫与死猫各半纠合在一起的状态。"

图 4-27　薛定谔的猫

简单地说，一只猫被关进一个密闭的容器里，旁边放置一个毒气瓶，其上方有一个可以控制其下落的锤子，锤子下落的电子开关由放射性原子控制。如果原子核衰变，则放出粒子，触动电子开关，锤子落下，砸碎毒药瓶，释放出里面的氰化物气体，猫必死无疑。然而原子核的衰变是随机事件，也就意味着是否衰变是个概率事件，我们不能确定。我们只有打开密封的容器才能看到猫，确定猫的死活。

薛定谔接着问："如果我们不打开箱子观察（也不以其他任何方式偷窥），那么这时猫到底是死的还是活的？"

或是死的，或是活的，各有 50%的概率。这是所有有理智的人的第一反应。然而结合量子力学，这个答案却模糊不清了。因为在我们没有观察这个箱子情况的时候，里面的量子事件只是一团概率云。就好像在我们不观察光子时它处在"穿过左缝"和"穿过右缝"的叠加态一样。在我们不观察箱子的时候，这个量子事件处在"发生"和"没发生"的叠加态。而"发生"必然引发毒气释放，进而引发猫死亡，"不发生"则必然不会引发毒气释放，猫就会活下来。既然事件处于发生与未发生的叠加态，那么毒气就会处于释放和未释放的叠加态。那么，猫到底是会死去还是会活着？

倘若猫要么活着要么死去，那么按照这种因果链条，活着说明量子事件未发生，死去说明量子事件发生了，要么死要么活就说明量子事件要么发生了要么没发生，因而"发生"与"没发生"之间的量子叠加就是不存在的，这威胁到量子理论的基础。倘若猫不是要么活着要么死去呢？这又是什么意思？"死"和"活"的叠加态？"既死又活"？

我们姑且接受猫的这种既死又活的状态，那么为何我们永远看不到？我们打开箱子观察的时候，总是看到"或死或活"的状态，而不是"既死又活"。是我们的观察造就了观察结果吗？那么在我们观察的时候，到底发生了什么，迫使一只既死又活的猫做出这种残酷的选择？难道我们真的有着这种上帝般的能力，只看一眼，就判定了猫的命运吗？

爱因斯坦在与薛定谔的通信中，这样说："在现在的物理学家中，除了劳厄，只有你一个人看到了这一点：只要一个人抱着诚实的态度，他就无法逃避客观存在的这样一种基本假设。大多数学者都没意识到他们在玩火——现实实在与我们如何实验无关。可是，他们（反对现实实在的）的诠释已被你的放射性物质＋放大器＋火药＋猫这个系统（说明一下：最初薛定谔设计的实验使用了火药爆炸，后来感觉太残酷，改为毒气）精致地反驳。这个实验中波函数包含了既死又活的猫。没有任何学者会真正质疑猫的死或活与观察无关。"

三、理论解释

要解释这个现象，需要用到量子力学的一个概念"叠加态"，这是粒子波动性的反映。我们先回到经典力学概率的典型例子：抛硬币。简单说，"字面朝上"和"花面朝上"各占 50%的概率，但这两个状态是不相容的，或者说，当它落到地面上时，只能有一个状态出现，不存在既是"字面朝上"又是"花面朝上"的叠加态。

但是对于一个服从量子力学的微观粒子，量子状态具有可叠加性，也就是说如果微观粒子也有两个可能的状态（如一个电子有两个不同能量的状态，或者一个电子有自旋顺时针和逆时针两个状态，一个光子有两个不同的极化状态等），那么微观粒子可以处在这两个状态中的任一个，也可以处在两个状态的叠加态。

前面我们讲过，波函数的模的平方表示粒子在某时刻某位置出现的概率密度，即在量子力学中，状态的平方对应于某种概率，有平方的出现意味着状态可以叠加，概率不能简单相加，会多出来一项，这一项就是干涉项。但是，如果从经典力学的角度看，量子力学的叠加原理是不能理解的，如著名的量子滑雪者，遇到了一个障碍，它有两条路可以选择，从左侧绕过或从右侧绕过，但是却出现了从左侧和右侧均绕过的情景，如图 4-28 所示。

图 4-28　量子滑雪者

量子力学的测量原理认为，处于叠加态的粒子，在测量的过程中被干扰，发生了"波函数塌缩"。从叠加原理可以精确地算出塌缩到其中一个状态的概率，实际测得的概率与计算结果完全一致。

在薛定谔的猫这种典型例子里，原本只局限于原子领域的不确定性被传递到了宏观领域，而在宏观领域这种不确定性就可以通过直接观察来解决。这样一来，我们就不能天真地用这样一种"模糊的模型"来描述现实。就其本身的意义而言，现实不会蕴含任何不清楚或矛盾的含义。

　　猫构成的波函数由叠加态立即收缩到某一个本征态。量子理论认为：如果没有揭开盖子，进行观察，我们永远也不知道猫是死是活，它将永远处于半死不活的叠加态，可这使微观不确定原理变成了宏观不确定原理，客观规律不依人的意志转移，猫既活又死违背了逻辑规律。

　　粒子的双缝干涉实验的结果全都发生在我们观察粒子的那一刻，因而观察在这其中起到极关键的作用。在双缝干涉过程中，粒子的量子态弥散在空间中，这个量子态决定了当我们观察粒子时，粒子在某个位置出现的概率。而当我们观察到粒子出现在某一点 A 时，粒子的量子态就不再弥散在空间中了，它在此时有一个确定的位置 A。也就是说，对位置的观察有着某种神秘的作用：它使一个弥散在空间中的，也就是空间各个位置相叠加的波函数瞬间变成一点，并且是变成随机的一点，概率由玻恩规则决定。这个就是"波函数坍缩"。

　　波函数坍缩指的是某些量子力学体系与外界发生某些作用后波函数发生突变，变为其中一个本征态或有限个具有相同本征值的本征态的线性组合的现象。尽管多次测量中每次的测量值可能都不同，但是在单次测量中被测定的物理量的值是确定的。概率波的表示符合我们所观测的现象。实际上每次观测，只可能观察到一个唯一的结果，而不是一个模棱两可的结果（因为世界既是波又是物质）。这种观测结果唯一化的过程称为坍缩。坍缩的意思就是一个原本有很多种可能的空间变成了一个只有更少可能的空间。

　　我们由此可以看到，量子测量和我们日常所熟知的经典测量非常不一样。经典测量中，粒子的状态是确定的，测量过程只是真实地记录粒子的状态。经典测量是一道问答题，经典粒子只需要真实地告诉我们它的状态。而在量子测量中，当我们还没有测量粒子时，它只是一团波函数——我们前面提到这个波函数代表了粒子在空间出现的概率，它像一团云雾，可以称其为概率云，对这团概率云我们所能知道的仅仅是如果我们做出测量得到的结果可能是什么。量子测量是一道选择题，不管它在这之前是何种状态，我们的观察给了它一系列选项，然后迫使它从中选取一个，并且必须要选取一个。也就是说，我们的观察迫使粒子变成了某种状态。

　　这种现象，显然是极具颠覆性的，在经典物理学中，人们已经习惯了这样的一种认知：观察无疑是我们认识外部世界的手段，我们观察到的一切不过是外部世界真实面目的一部分。但是在微观粒子的观察过程中，似乎一切都在暗示着，观察并非揭示了世界的现实，而是造就了世界的现实。那么问题就来了：

　　首先，在我们尚未观察时，外部世界的"真实"状态是什么？概率云本身是一种我们对微观粒子的现实状态的描述，还是说它是用来描述我们对微观粒子观察结果的工具？也就是说，它是一种本体论意义上的概念，还是它只是一种认识论意义上的概念？

　　其次，观察过程中，到底发生了什么？或者说，观察到底是什么？是我们用感官直接体验的过程，还是观察仪器的记录过程？是我们人类的观察，还是说一切生物的观察，甚至仪器的观察都算是观察？观察过程本身难道不是一种物理过程吗？那是什么让这个物理过程如此特殊，赋予它"造就现实"的超能力的？

　　我们前面提及，量子效应在微观领域中无处不在，然而在我们的经典世界里，它却很难被观察到。从量子力学的形式理论中，我们可以看到这种从量子到微观过渡中，量子效应被逐步弱化的过程。例如，对于德布罗意波，其在微观粒子中有着鲜明的波长和频率，而在宏观物体中，如一粒子弹，振动波长就变得如此之小，大约为 10^{-34} 米，因而我们不可能察觉到它的波动效应。同理，微观世界的不确定原理用在宏观物体上，其不确定度变得如此之小，以至于我们无法察觉。

　　对于这种过渡，玻尔提出了所谓的"对应原理"，也就是说一切量子行为，随着它的质量和尺度的增加，在到达宏观尺度后，就必须能够自然而然地过渡到经典力学。也就是，我们完全可以接受微观粒子的种种奇怪之处，而不影响日常经验，毕竟日常经验中我们是无法直接去观察微观世界的。所以，对于微观世界的各种量子怪现象，我们不需要忧心忡忡。

结　束　语

　　物理学发展的历史长河中，实验无处不在。阿基米德在洗澡时想到王冠潜底，认识了浮力定理；富兰克林在雨天放风筝，统一了天电和地电；高琨用无数次失败换来的光纤，连通了人类的信息时代；费曼用简单的冰水实验，阐明了"挑战者号"升空 73 秒解体的航天悲剧的原因。物理学家们以巧妙的构思、灵巧的双手、细致的观察、敏锐的洞察力和坚韧不拔的精神，发现了一个个无可辩驳的事实，揭示物质世界背后隐藏的一个个规律。当这些事实和规律以一个个定律和公式浮出水面时，推动了人类认知的进步；当这些公式被不断发展成一项项科技应用时，推动了人类文明的发展，这些都使物理学本质是真、价值是善、追求是美的特征体现一览无余。

　　我们还应看到：宇宙大约形成于 137 亿年前，地球诞生至今约 46 亿年，生命出现约 35 亿年。然而人类诞生至今不过几百万年，人类的文明史约 6000 余年，自然科学的历史就更短了。从这个角度来说，人类还处在儿童时期，自然科学则处于幼儿时期。今天的我们，未知的东西太多太多，牛顿曾经这样评价自己："我不过像一个在海边玩耍的小孩，时而发现一颗光滑的石子，时而发现一个美丽的贝壳。但真理的广阔海洋，还在我的面前有待发现。"我们不可妄自菲薄，不可停滞不前，只有努力与勤奋，才能继续发展、继续进步！未来可期，正如宋代诗人方岳的诗：

入　村

山深未必得春迟，

处处山樱花压枝。

桃李不言随雨意，

亦知终是有晴时。

参 考 文 献

[1] 赵凯华. 定性与半定量物理学[M]. 北京：高等教育出版社，1994.

[2] 包景东. 格物致理：批判性科学思维[M]. 北京：科学出版社，2014.

[3] 赵峥. 物理学与人类文明十六讲[M]. 北京：高等教育出版社，2016.

[4] 巩晓阳. 宇宙之美：物理学新探索[M]. 北京：电子工业出版社，2018.

[5] 曹天元. 上帝掷骰子吗：量子物理史话[M]. 辽宁：辽宁教育出版社，2012.

[6] 张天蓉. 宇宙之谜[M]. 北京：清华大学出版社，2017.

[7] 冯端，冯少彤. 溯源探幽：熵的世界[M]. 北京：科学出版社，2016.